オスプレイエアコンバットシリーズ スペシャルエディション 2

イラン空軍のF-14トムキャット飛行隊

IRANIAN F-14 TOMCAT UNITS IN COMBAT

トム・クーパー&ファルザード・ビショップ／共著
訳／平田光夫

大日本絵画

IIAF

目次 INDEX

カラー図 COLOUR PLATES 6

カラー図解説 COLOUR PLATES COMMENTARY 16

序 INTRODUCTION 24

第1章　要求 THE REQUIREMENT 25

第2章　初撃墜 FIRST KILLS 40

第3章　一石三鳥 THREE-TO-ONE 53

第4章　消耗戦 ATTRITION 63

第5章　ウィーゼル撃破 CLIPPING THE WEASEL 79

第6章　真実を覆う霧 THE FOG OF DISINFORMATION 87

付録 APPENDICES 91

3-6041
MARK POSTLETHWAITE .GAvA

〈左ページイラスト解説〉

1980年10月26日、イラン・イスラーム共和国空軍（IRIAF）の2機のF-14Aが、カラートサーリフ空軍基地から発進した2機のイラク空軍ミグ21MFとアフワーズの北東、シャヒードアサーイェ上空で交戦した。ハズィーン少佐とアクバリー大尉はトムキャットの先導機に搭乗していた。現在は中将であるハズィーンは、それから発生した短時間の空戦で何が起こったかを語ってくれた。

「私たちは気づかれずにイラク軍のミグ21に接近しました。こちらの武装はAIM-7とAIM-9だけだったので、かなり接近しました。至近距離からAIM-9を1発発射すると、ミサイルはミグ21の1機に命中し、一瞬で巨大な火の玉に変えました。私はその爆発を回避しきれませんでした。砕け散ったミグ21の破片が左主翼に当たり、それから左エンジンにも入りました。火災警告灯がコクピットのあちこちで輝きました。左エンジンが出力を失ったので、そちらを見たところ、左主翼ショルダーパイロンに装備されていたAIM-7とAIM-9も吹き飛ばされていました。爆発したミグの火球に突っ込んだ私の機は煤まみれになりました」

「一方、僚機はもう1機のミグと交戦し、これをサイドワインダー2発で撃墜していました。彼が後日提出した報告書によると、爆発の反対側から出てきた私のF-14は黒焦げに見え、搭乗員は死んだものと思ったそうです」

「近くにもう2機、イラク軍のミグがいましたが、連中は自分の爆弾を落としてしまうと、戦友を見捨ててさっさと帰ってしまいました。私のトムキャットは操縦性が怪しくなり、速度も出なくなっていたので、あの時は本当に幸運でした。アクバリー大尉がアフワーズかデズフールに着陸してはと具申してきましたが、却下しました。どちらの飛行場も間もなくイラク陸軍に占領される可能性があったので、私のせいでIRIAFのF-14Aが敵の手に渡るのはご免だったからです。そこでハータミー基地に戻ることにしました。あそこなら機体を修理するなり、部品取りに使えますから。それが無理なら機体を棄ててイランの砂漠に突っ込ませるだけです。機体の損傷はかなりひどく、操縦も困難でしたが、何とかハータミーに帰れました。その時のF-14はその後修理され、戦線に復帰しました。

（イラスト：マーク・ポスルスウェイト）

著者

トム・クーパー

TOM COOPER

トム・クーパーは1970年生まれ、オーストリアのウィーン出身である。ヨーロッパと中東の各地を遍歴してすばらしい人脈を得たが、そこにはイランの情報に通じる人々も多く、彼らの経験談をさまざまな書籍や記事で紹介している。

著者

ファルザード・ビショップ

FARZAD BISHOP

ファルザード・ビショップはイラン生まれの著名な航空評論家で、近年の中東紛争における航空軍事情勢について長年研究をつづけている。彼の記事や分析はイランと諸外国の軍事航空誌に掲載されている。特にイラン・イラク戦争の研究に力を入れた結果、貴重な体験をもつ人々と出会い、また退役兵たちからも数々の証言を得たのだった。

機体側面イラスト

ジム・ローリエ

JIM LAURIER

ジム・ローリエはコネチカット州ハムデンのパイアー美術学校を卒業後、ファインアートとイラストレーションの分野で活躍している。パイロット資格をもち、制作にあたっては歴史への興味と自身の飛行経験を活かし、現代屈指の正確な歴史考証を踏まえた精密な航空絵画を生み出している。彼の作品はペンタゴンで永久展示されており、多くの書籍、雑誌、カレンダーに掲載されている。

1
F-14A　BuNo 160299 ／ 3-6001(米国内での暫定番号3-863)、TFB8基地、1981年

2
F-14A　BuNo 160318 ／ 3-6020、TFB8基地、1986年

3

F-14A　BuNo 160320／3-6022、第82TFS、TFB8基地、1981年

4

F-14A　BuNo 160322／3-6024、第81TFS、TFB8基地、1978年

5
F-14A　BuNo 160325 ／ 3-6027、TFB7基地、1977年

6
F-14A　BuNo 160325 ／ 3-6027、第72TFS、TFB7基地、1980年

7
F-14A BuNo 160330／3-6032、第81TFS、TFB8基地、1986年

8
F-14A BuNo 160337／3-6039、第82TFS、TFB8基地、1987年

9
F-14A　BuNo 160345 ／ 3-6047、TFB7基地、1980年

10
F-14A　BuNo 160350 ／ 3-6052、TFB7基地、1986年

11

F-14A　BuNo 160361／3-6063、TFB7および8基地、1987年

12

F-14A　BuNo 160371／3-6073、TFB1基地、1987年

13、14（機首部分図）

F-14A　BuNo 160377 ／ 3-6079、第81および81TFS、TFB8基地、1980年および82年（部分図）

15
F-14A　BuNo 160320 ／ 3-6022、TFB8基地、1996年

16
F-14A　BuNo 160322 ／ 3-6024、TFB8基地、2002年

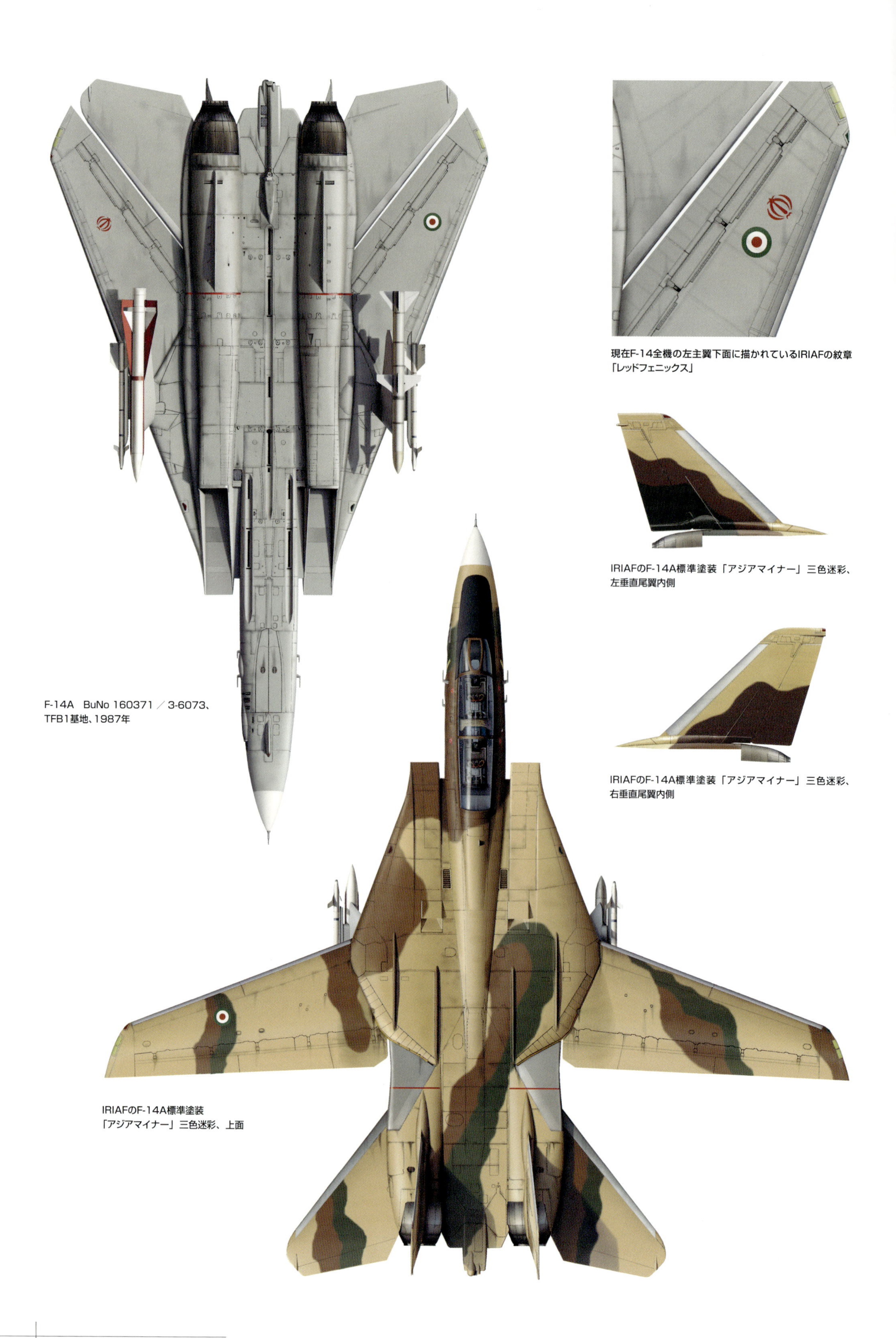

現在F-14全機の左主翼下面に描かれているIRIAFの紋章「レッドフェニックス」

IRIAFのF-14A標準塗装「アジアマイナー」三色迷彩、左垂直尾翼内側

IRIAFのF-14A標準塗装「アジアマイナー」三色迷彩、右垂直尾翼内側

F-14A　BuNo 160371／3-6073、TFB1基地、1987年

IRIAFのF-14A標準塗装「アジアマイナー」三色迷彩、上面

IRIAFのF-14A現用塗装、ブルーグレー迷彩、左垂直尾翼内側

IRIAFのF-14A現用塗装、ブルーグレー迷彩、右垂直尾翼内側

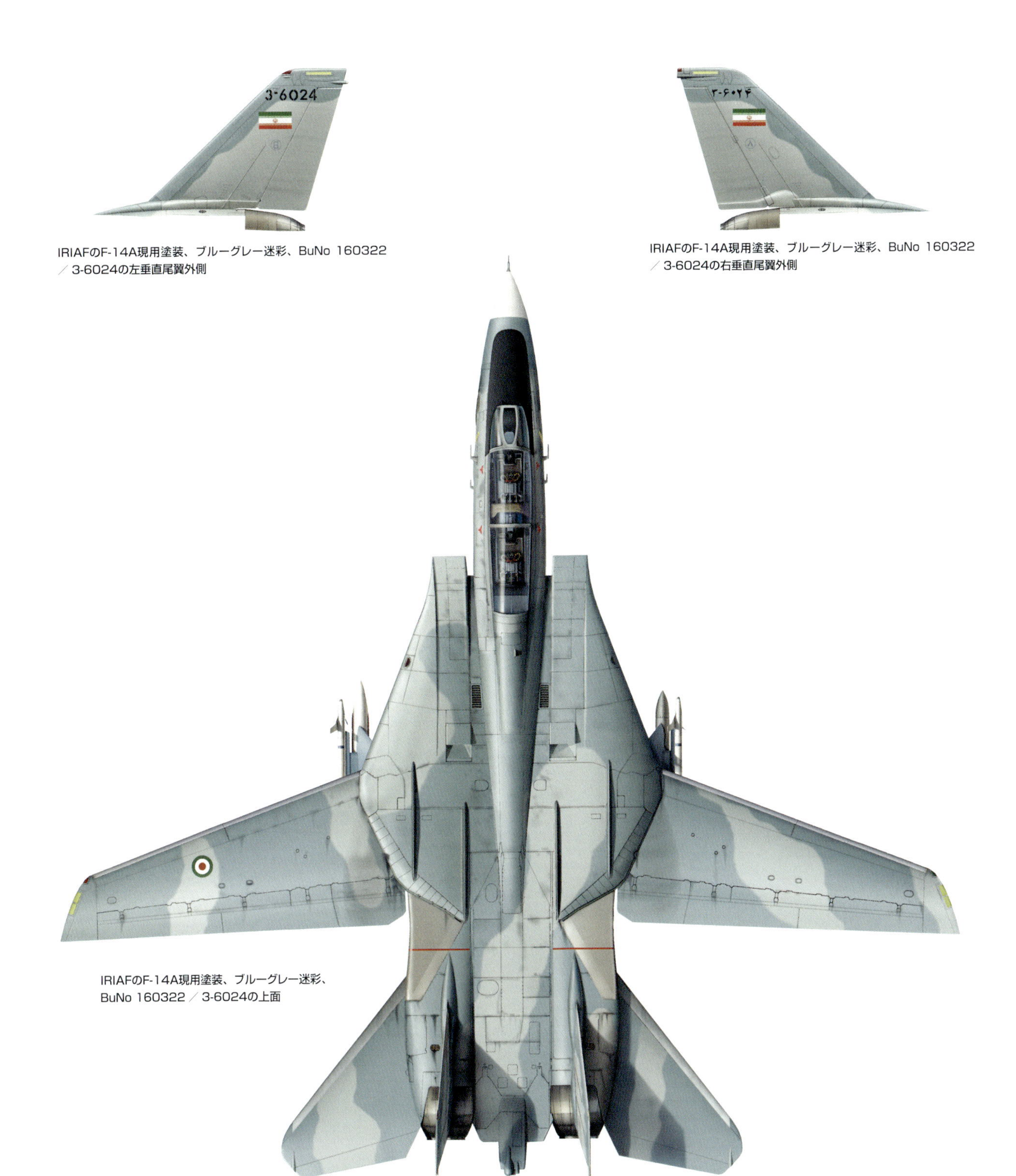

IRIAFのF-14A現用塗装、ブルーグレー迷彩、BuNo 160322／3-6024の左垂直尾翼外側

IRIAFのF-14A現用塗装、ブルーグレー迷彩、BuNo 160322／3-6024の右垂直尾翼外側

IRIAFのF-14A現用塗装、ブルーグレー迷彩、BuNo 160322／3-6024の上面

カラー塗装図解説
COLOUR PLATES

1
F-14A　BuNo 160299／3-6001（米国内での暫定番号3-863）、TFB8基地、1981年

本機はイラン向けに最初に完成したF-14Aで、IIAFでは比較的短期間しか使用されず、その後、数年間ハータミー空軍基地で保管状態のままだった。1981年にアメリカ政府から秘密裏に引き渡された部品により本機は再整備され、作戦可能状態に復帰した。本機は数々の空戦に参加し、第81および82TFSの所属時、少なくとも2機のイラク軍戦闘機を撃墜した。本機の最終的な履歴は不明である。

2
F-14A　BuNo 160318／3-6020、TFB8基地、1986年

イランに引き渡された20機目のトムキャット、3-6020は対イラク戦争で屈指の活躍を見せた機である。革命後の混乱期を稼働機として乗り切った本機は、1980年9月以降、激しい戦闘を繰り広げた。1988年7月の終戦まで最前線に留まった本機は、少なくとも10機のイラク軍機を撃墜したことが判明している。3-6020は1981年5月15日にイラク軍のミグ25に初めてAIM-54Aを発射したF-14Aでもある。そのフェニックスは外れたが、これはイラク空軍パイロットがミサイルから逃れようと時速2,800kmに加速したためだった。戦闘任務以外にもこのトムキャットは1986年に胴体下面にフェニックスに替えてMk.83爆弾を搭載し、イラン版「ボムキャット」の試験にも使用された。この武装のトムキャットが爆弾を実戦で投下したという噂もあるが、筆者らはイラン軍トムキャットが戦争中に空対地任務に使用されたという確証をまだ得られていない。判明しているのは、爆撃テストに参加したのは2機で、1988年7月に米海軍がこれに関する警告をペルシャ湾内で作戦中だった諸艦艇の指揮官に発したということである。3-6020は戦争を生き抜き、数年後、IACIで完全オーバーホールされた。再生作業を終えた本機はIRIAFのF-14A全機に適用された新式のブルーグレー標準迷彩を施された。

3
F-14A　BuNo 160320／3-6022、第82TFS、TFB8基地、1981年

このトムキャットは1982年7月21日にバグダードとイラン国境の中間で発生した空戦で、1発のAIM-54Aで2機のイラク軍ミグ23MSを撃墜したが、それは搭乗員がイラク領空に入るべからずという命令を無視した結果だった。その後、戦争中に本機は少なくとも5機のイラク軍機を撃墜した。3-6022は戦後、完全オーバーホールを実施され、1995年に新型迷彩に再塗装されたトムキャットの第一陣となった。現在も本機はIRIAFで前線任務に従事している。

4
F-14A　BuNo 160322／3-6024、第81TFS、TFB8基地、1978年

1978年10月、当時IIAF機だった本機はソ連の単機のミグ25RBSをカスピ海上空の高高度で迎撃したトムキャット2機のうちの1機だった。ミグを2分間追跡したものの、ソ連軍パイロットは巧みな加速で迎撃にあたったグラマン製戦闘機を見事に振り切った。3-6024は対イラク戦争中、第81TFSで活躍し、少なくともミラージュF1EQ、1機をはじめとするイラク軍戦闘機数機を撃墜認定されている。現在本機はオーバーホールを終え、ブルーグレー迷彩に再塗装されてTFB8基地で現役である。

5
F-14A　BuNo 160325／3-6027、TFB7基地、1977年

IIAFの文字を書かれた3-6027は1976年にイラン帝国空軍のTFB7基地に配備されたトムキャットの第一陣の1機だった。本機は初期のイラン軍トムキャット搭乗員の訓練にも頻繁に使用された。

6
F-14A　BuNo 160325／3-6027、第72TFS、TFB7基地、1980年

1980年初めにIRIAFに文字を改められた3-6027は第72TFS（1980年末からF-4Dを装備していた部隊）の分遣隊で対イラク戦争の開戦後、数週間使用された。本機は通常メヘラーバード空軍基地に配備されていたが、同基地で少数のトムキャットが訓練とテスト、そしてしばしばテヘラーン防空に使用された。少なくとも3機のF-14(おそらく3-6027を含む）が「ミニAWACS」としても使用され、TFB1基地からのF-4部隊を空中から統制し、イラク軍のミグ25、ツポレフ16、22などの迎撃に当たらせた。3-6017の最終的な履歴は不明である。

7
F-14A　BuNo 160330／3-6032、第81TFS、TFB8基地、1986年

このトムキャットは対イラク戦争中、さまざまな部隊を渡り歩いた。当初TFB7基地に配備された本機は、イランで最初期に完全オーバーホールを受けた機でもあり、1986年から第81TFSに所属した。1987年1月にイラク軍ミグ23を1機撃墜した本機は、イラストではAIM-54Aを2発、AIM-9Pを4発搭載しているが、これはミグ25、B-6(中国製ツポレフ16)、ツポレフ22などを迎撃する際の標準武装だった。その場合、IRIAFの搭乗員は高速追撃戦に備えて燃料を節約するため、機体重量をできるだけ軽減した。この武装構成は数々の撃墜成功につながり、少なくともミグ25を4機撃墜している。3-6032の最終的な履歴は不明である。

8
F-14A　BuNo 160337／3-6039、第82TFS、TFB8基地、1987年

1987年2月20日に本機に搭乗したアミラスラーニ大尉はAIM-54Aを長長距離から1発発射し、イラク空軍のアフラーン中尉が操縦するミラージュF1EQを撃墜した。ヘクマート・アブドゥルカディル准将の息子だったアフラーンは戦死した。アミラスラーニはイラン革命後にIRIAFから追放されていたが、その後復帰を許され、イラン国内の訓練でAIM-54Aの実弾を発射した二人目ないし三人目のパイロットとなった。3-6037の最終的な履歴は不明である。

9
F-14A　BuNo 160345／3-6047、TFB7基地、1980年

このトムキャットは革命の前と後でイラン国内において外国人により目撃されており、写真も何枚か撮られている。1986年にはイラン北部のタブリーズ（TFB2基地）からAIM-54Aを1発、スパローを2発、サイドワインダーを2発搭載してCAP哨戒任務に発進するのが目撃されている。本機の戦争中の履歴は、当初TFB7基地に配備されていたこと以外、不明である。

10
F-14A　BuNo 160350／3-6052、TFB7基地、1986年

当初第73TFSに配備された本機は戦争の大部分の期間、シーラーズ付近のホル空軍基地（TFB7）で使用された。本機の戦歴は1986年2月にイラク軍ミグ25を少なくとも1機撃墜したこと以外、ほとんど知られていない。本機の最終的な履歴も不明である。

11
F-14A　BuNo 160361／3-6063、TFB7および8基地、1987年

当初ホル基地の第73TFSに配備された3-6073は、1980年代中盤に戦線復帰するまでの数年間、保管状態にあった。その後本機はメヘラーバードを拠点とする第72TFSの分遣隊に送られ、最後に目撃されたのは1987年だった。

12
F-14A　BuNo 160371／3-6073、TFB1基地、1987年

当初第82TFSの所属だったこのトムキャットは、MIM-23B改良ホーク／セジール地対空ミサイルをF-14とそのAWG-9レーダーで運用可能にするための「スカイホーク」計画で使用された3機のうち1機だった。また3-6073はヤーセル誘導式空対地ミサイル（イラストでは左主翼下パイロンに搭載）のテストにも使用されたが、これは基本的にMIM-23の弾体にM-117通常爆弾の弾頭を合体させたものである。ヤーセルのテストは成功し、現在IRIAFで運用中である。本機は垂直安定板の国旗の上にIRIAFの紋章が描かれた数少ないトムキャットの1機であることに注目。本機は今も現役で、現在も各種のテストに使用されている。

13、14(機首部分図)
F-14A　BuNo 160377／3-6079、第81および81TFS、TFB8基地、1980年および82年（部分図）

3-6079はこれまで製造されたトムキャットでおそらく最多の撃墜数を誇る機であり、イランに最後に引き渡されたF-14だった。つづく3-6080となるはずだった機はイラン革命後、米国に留め置かれて各種のテストに使用され、ついに引き渡されることはなかった。イラン到着後、3-6079は保管状態に置かれていたが、1980年9月に第81TFSで戦列に復帰した。当時、本機にはまだIIAFの文字が書かれていたが、垂直尾翼に国旗はなかった。そのわずか数週間後に本機はイラク軍のミグ21とミグ23を各1機撃墜した。同年末、本機はIRIAFの文字が書かれているのを目撃されたが、やはり尾翼の国旗はなかった。これは1981年末か82年初めに描かれたようだ。1988年2月9日にギヤーシ中尉が2時間に2回の空戦でイラク軍ミラージュF1EQを3機撃墜した時には、本機のマーキングは「完成」していた。3-6079は第82TFSで今も現役である。

15
F-14A　BuNo 160320／3-6022、TFB8基地、1996年

本機はIRIAFの新ブルーグレー迷彩塗装で公開された最初のF-14Aである。本機は1995年にIACIでオーバーホール後、ポリウレタン系塗料で再塗装され、同年2月にメヘラーバード空軍基地で展示された。当時IRIAFはまだこの迷彩パターンの試験中で、3-6022も1990年代初頭にイラン軍のミグ29に似たタンとライトブルーグレーで塗られていたことが確認されている。本機のロービジ化されたシリアルは距離わずか数メートルでようやく判読可能となる。

16
F-14A　BuNo 160322／3-6024、TFB8基地、2002年

IACIでの長いオーバーホールから間もなく本機に施されたイラストの塗装は3-6022に似ているが、シリアルがつや消し黒で塗られている点が異なる。3-6020や3-6041などの現存するイラン軍の再整備済みトムキャットも全機がシリアルはつや消し黒である。再塗装された機体はいずれも数字がロービジ化されたものの、米海軍と同位置であるスタビレーター下方にオリジナルのBuナンバーを残している。

1
主翼を最大限に展開し、「アジアマイナー」迷彩パターンを見せながら低速で飛行試験を行なうF-14A、BuNo 160299。主翼、水平スタビレーター、垂直尾翼の前縁が無塗装のままなのに注意。機首下面のIRST装置も興味深い。アメリカの熱心な売り込みにもかかわらず、IIAFはこの装置をついに購入しなかった。
(Grumman via authors)

2
BuNo 160378はイラン向けに製造された80機目であり、最後のF-14Aである。本機は米国内に留め置かれ、米空軍の「ブーム&レセプタクル」方式空中給油システムに改造される予定だった。結局改造は中止され、イランへの引き渡しも行なわれなかった。シャーの失脚後、本機はアリゾナ州のデイヴィスモンサン空軍基地の航空宇宙整備再生センターで保管された。1986年に本機はノースアイランドの海軍航空廠で再整備を受けて米海軍仕様に戻され、1987年11月13日に太平洋ミサイル試験センターに配備された。その後本機は海軍航空戦センターとポイントマグーの兵器試験飛行隊で使用された。(authors' collection)

3
グラマンからハータミー基地へ空輸されたばかりのトムキャット3-6051（写真一番奥）とほか2機のF-14A。革命はトムキャットの追加購入計画を御破算にしただけでなく、1979年にはもう少しで引き渡し済みのトムキャットをアメリカに逆売却しそうになる事態を招いた。(authors' collection)

4
シャーが退位に追い込まれる1979年革命の数ヵ月前、3個のF-14部隊が完全運用状態にあることが宣言された。それに先立ち、特に空中給油の追加訓練が搭乗員に本格的に実施された。写真はイラン中央の砂漠上空でシャーバヴィーズ1としても知られるKC-707-3J9C 、5-8301がTFB7所属の2機のF-14に給油する様子。（Grumman）

5
バレカート大尉はイラン軍屈指のF-14パイロットだった。錬度も戦意も高いIIAFの空中勤務者と地上員たちは複雑なトムキャットを難なく運用していた。（IIAF Association via authors）

6
イラン・イラク戦争中、西側のマスコミはイランのF-14は「破壊工作によりAIM-54は運用不能」となり、「戦力としては無価値」で、「ブレーキやタイヤなどの定期交換部品すら事欠いている」と報じた。一方、アメリカではF-14とAIM-54の経済的妥当性について議論が巻き起こっていたが、IRIAFはトムキャットの全能力を存分に発揮させ、戦争の最初の3ヶ月間に空戦で37機の撃墜を達成し、うち少なくとも10機がフェニックスミサイルによるものだった。写真はイランに最後に引き渡されたF-14、3-6079号で、緒戦期の撮影。IRIAFの文字と尾翼にTFB8基地の紋章をつけているが、イラン国旗はない。またフェニックスを4発、サイドワインダーを2発、スパローを2発と、最大武装状態である。（authors' collection）

7
3 6056
IRIAF

8
3-6053
IRIAF

9
3-6060

10
IRIAF

7
イラン軍のF-14Aは「戦闘不能」、「部品取りでバラバラ」、「AWG-9はなく」、「AIM-54は使用不能」などと、1980年代の西側の航空専門出版物に書かれていたが、対イラク戦争の最盛期、イラン北部国境の哨戒にあたる写真の3-6051は、AIM-54Aを2発、AIM-9Pを4発装備している。敵機を超遠距離から迎撃できたにもかかわらず、いつもフェニックスミサイルで空戦の火蓋が切られるとは限らなかった。事実、1987年2月18日にH・アガ大尉はペルシャ湾で3機のミラージュF1EQを撃墜しているが、1機目は複数のスパローで、2機目はサイドワインダー 1発で撃墜している。アガが2発のAIM-54を発射したのは、残りの2機がすでに離脱を図っていた時だった。1発が直撃したものの、もう1発は目標の数メートル前方を横切っただけで起爆しなかった。(authors' collection)

8
1985～86年頃、3-6053の前に整列したTFB8基地の搭乗員たち。政府の過酷な弾圧にもかかわらず、イラン軍トムキャットパイロットの大部分は祖国のために軍務に留まることを決断し、状況の許すかぎりイラク軍と戦った。TF30エンジンの信頼性の低さが泣き所だったが、F-14Aはそれを飛ばした者のすべてを魅了しつづけている。(authors' collection)

9
3-6060の前に立つTFB8基地の歴戦のパイロット4名。最大12時間にも及んだCAP哨戒、現政権からの政治的圧力、数に勝る敵機との度重なる遭遇戦などのせいで、彼らは実年齢より少なくとも10歳は老けて見えた。こうした戦闘ストレスにもかかわらず、IRIAFパイロットたちは高AOAでの超低速ドッグファイト能力など、自身のF-14 操縦技術を磨いていた。このような機動は米海軍では危険すぎると考えられていたが、IRIAFのパイロットは日常的にそれを用いていた。こうした戦術により、トムキャット搭乗員たちは最大14機のイラク軍戦闘機との空戦で生き残るだけでなく、撃墜を達成することも珍しくなかった。(authors' collection)

10
戦後テヘラーンで展示されたトムキャット3-6060。本機は1988年2月9日にペルシャ湾北部でイラク軍の7次にわたるイラン船団連続攻撃を退けたF-14Aの1機だった。その以前に本機はスカイホーク計画とボムキャット運用テストにも参加していた。(authors' collection)

11
2001年11月にテヘランで開催された「聖なる防衛戦」展で公開された2発のAIM-7訓練弾。イラン・イラク戦争の終結後、IRIAFのF-14がスパローを搭載することはほとんどなくなった。この兵器はセミアクティブレーダー誘導式ミサイルで、戦闘機のレーダーアンテナから発信された連続波レーダー信号の反射をたどるものである。これは索敵追尾モードのレーダーから発信される基本信号とは別物で、むしろ従来型の地対空ミサイルの誘導システムの作動方式に近い。スパローで多数の撃墜を記録したものの、実戦で非常に多くの機械的故障を経験したため、イラン軍パイロットはどうしても本ミサイルを信頼できなかった。さらにミサイルが命中するまで目標に電波を照射しなければならないため、空戦での自由度が大幅に奪われた。それでもイランで改造されたAIM-7E-4の派生型は現在もIRIAFで有効な兵器として使用されている。
(authors' collection)

12
フェニックスとならび、AIM-9Pサイドワインダーはイラン軍トムキャットの必殺兵器であり、少なくとも50機の撃墜を可能にした。サイドワインダーがもっとも一般的なミサイルだったのはイラン軍だけでなくイラク軍も同じで、イラクはほかのアラブ諸国空軍から入手を図っていた。イラン軍ではAIM-9Pは信頼性の高い強力な兵器であることが実証され、IRIAFのF-14パイロットはわずか2発のサイドワインダーと20mm機関砲だけで戦闘に向かうこともあった。あるパイロットは筆者らにこう語った。「トムキャットはどんなイラク軍機よりも優秀で、サイドワインダーと機関砲の威力は、それさえあればAWG-9レーダーが動かなくても戦闘が全然怖くないほどでした」。
(authors' collection)

13
米海軍ではほとんど姿を消したものの、IRIAFでは現在も写真のATM-54A訓練弾が使用されている。西側ではいまだにその有効性が議論されているものの、フェニックスはIRIAFの対空兵器として今も首位の座を占めている。イランでは本ミサイルの電子機器をアップグレードした改良型の生産も少数ながら開始している。米国の情報筋によれば、これは「少なくともAIM-54Cに匹敵する」と考えられている。その結果、イラン軍のF-14Aは中東最強の迎撃機として君臨しつづけることになった。(authors' collection)

14

15
3-6024

14
F-14A 、BuNo 160322 ／ 3-6024は華々しい戦歴を誇るイラン軍トムキャットである。少なくとも6機のイラク軍戦闘機を撃墜したのに加え、1978年晩夏にはソ連のミグ25Rの追跡戦にも参加しており、これが「フォックスバット」のイラン領空侵犯の停止につながった。(authors' collection)

15
3-6024の左側面で、新しいブルーグレー迷彩塗装がよくわかる。2001年11月にテヘランで開催された「聖なる防衛戦」展にて。新たにライトブルーに塗られた部分は、以前はサンドで塗られていたのに注意。このためパターンがすっかり旧塗装の「ネガ」版になっている。(authors' collection)

16、17
3-6024の尾部右側のクローズアップ。1990年代中盤以降にIRIAFが現存するトムキャットに施したマーキングの細部と迷彩がよくわかる。(authors' collection)

18
機首右側、コクピット周辺部のクローズアップ。展開された空中給油プローブ（ドアは撤去）と、米海軍の規格位置につけられたすべて英語のステンシルに注意。(authors' collection)

序
INTRODUCTION

1972年夏、イランのモハンマド・レザー・シャー・パフラヴィー皇帝（ペルシャ語でシャーハンシャー、王を統べる王の意）からの親書がワシントンDCのペンタゴンに届いた。それには彼の訪米目的はアメリカ海空両軍の就役間近の迎撃戦闘機について説明を受けることであると記されていた。また彼はイラン国軍のお気に入りの軍種、イラン帝国空軍（IIAF）に参考機を導入したいという意向から、それらの新型戦闘機のデモンストレーション飛行の見学も予定していた。彼がもっとも興味を抱いていたのはグラマンF-14Aトムキャットだった。

この訪問が激しい物議を醸すことになる兵器売却の始まりとなり、イランは米国のいかなる同盟国も手にしたことのない最新鋭戦闘機を採用するのだった。アメリカがこれほど最新鋭の兵器を外国へ売却することに同意したのは、これが最初だった。またこれはイランにとっても大胆な試みだった。なぜなら高度な技術システムに経験の乏しい軍隊組織が複雑な兵器システムを導入することを意味し、それを適切に運用するためのインフラ整備も必要だったからだ。

イランがグラマン社にF-14の生産を継続するための資金融資に同意したため、本機の輸出はF-14プロジェクト全体をも救ったのだった。しかしイランのF-14運用は信じがたいほど多くの議論を呼ぶこととなったが、「専門家の推測」はまったくの誤りだったことが明らかになり、でたらめな憶測の大部分は西側がIRIAFの真の実力を知らなかったためだった。そうなった背景は現在もはっきりしないが、戦闘におけるF-14A／AWG-9／AIM-54システムやイラン軍トムキャットの能力の評価、同時代の迎撃機や戦闘爆撃機との比較などについて客観的に考察できたアナリストはほとんどいなかった。これまで発表された報告類は、事実というよりも想像の産物に近かったのが実情である。

1979年革命の発生後、西側に亡命した元イラン軍F-14パイロットたちもこのような状況に直面した。彼らの戦果は確かな証拠があっても信頼されないのが常だった。たとえ戦歴を賞賛される──記録はさておかれ──ことがあっても、西側の反応にはIRIAFにトムキャットが使いこなせるわけがないという先入観が見え隠れしていた。その最たる例がF-14と本機の強味であるAWG-9レーダーとAIM-54Aフェニックスミサイルをイラン軍が実戦で効果的に運用しているとは絶対に認めようとしないアメリカ海軍だった。事実、著者がインタビューした現役および退役米海軍パイロットやレーダー要撃管制士官（RIO）たちで、イラン軍が今もトムキャットを運用している、あるいはその人員がトムキャットに関連するシステムをマスターできていたと考えている者はひとりもいなかった。ほんの数週間前に撮影されたイラン軍塗装のF-14の写真を見せられた彼らの反応は大体こうだった。「ふむ……でも飛んではいませんね！」

本書が出版されるまで、イランのF-14導入計画について確かな資料に基づき本格的に研究した航空史家はいなかった。さらに元イラン軍パイロットは、亡命した者も、イランに留まった者も、多くが自身の経験について聞かれることがなかった。イランのメディアにより出版された数少ない報道記事は国外では完全に無視され、イラン軍F-14パイロットは現役者、退役者とも、西側での報道内容にあきれ果てていた。

こうした誤った報道の結果は一目瞭然である。イラン軍におけるF-14が果たした任務の実態──特に対イラク戦争中のもの──は知られずじまいになった。さらにAWG-9／AIM-54兵装システムの戦闘能力についての情報が伝わらなかったため、アメリカ海軍ではF-14を艦隊任務に使用しつづけるべきかに関して限りない議論が行なわれた。

本書はIRIAFのトムキャット部隊の歴史について本格的に取り上げた初の書籍である。本書は主に現役および退役イラン軍F-14パイロットとRIO、そして元イラク空軍士官たちへの徹底的なインタビューに基づいている。さらに筆者らは米軍、イラン軍、サウジ軍、ソ連軍が彼らに提供した書類も調査した。こうして浮かび上がってきたのは、イラン軍搭乗員たちが勇敢によく戦ったことだけでなく、その背後ではやはり賞賛に値する地上員たちが彼らを技術面で支えていたという事実だった。

トム・クーパー　ファルザード・ビショップ
2004年6月、オーストリアにて

献辞

祖国の防衛に際し、10名のイラン軍トムキャットパイロットとRIOが戦死している。本書を彼らと生き残った搭乗員たちに捧げる。

謝辞
ACKNOWLEDGEMENTS

筆者らはイラン帝国空軍（IIAF）およびイラン・イスラーム共和国空軍（IRIAF）の現役ならびに退役士官諸氏に感謝します。残念ながら、その多くがすでに亡くなられてしまった。「第一世代の最後」氏には格別のご協力をいただいた。そしてインタビューに応じていただいたり、助力や情報をお寄せいただいた方々にも感謝します。イラン・イラク戦争中に活躍されたイラン軍トムキャット搭乗員諸氏に誤った報道や文献が与えてきた不当な評価を本書が一掃することを衷心より望みます。また本書の完成に不可欠だった研究をされていた「トム・N」氏にも深く感謝します。最後に私たちの長年のIIAFとIRIAF研究を支えてくれた忍耐強い家族たちにも感謝を。

第1章

要求

THE REQUIREMENT

多くの西側観測筋が、イランがグラマンF-14を導入した最大の理由のひとつは、ソ連のミグ25Rによる領空侵犯を防止する手段がなかったためだとしている。しかし事実は少し異なっていた。1950年代末以来、イラン帝国空軍(以下、IIAFと略)はアメリカ空軍と協力し、ソヴィエト連邦の領空へ極秘裏に偵察機を飛ばしていた。初期には比較的小型の航空機(輸送機すらも)が使用されたが、ソ連戦闘機に数機が撃墜された。最初のF-4を受領し始めた頃、IIAFはRF-4Eも数機入手し、作戦は強化された。

当然ながらソ連もイランの活発な軍備増強に関心を高め、同国への偵察活動を開始したのだった。IIAFの迎撃機、特にF-4Dはミグ25Rを何度も捕捉しようと試みたが、越境「フォックスバット」の飛行ルートは慎重に選定されていたため、これは非常に困難な任務であることが判明した。

シャーはソ連との直接対立は望んでいなかったため、相互の領空侵犯が激しくなると、もしソ連が領空侵犯を停止するようなら、IIAF——そして米軍——も同様にするよう指示した。この指示は下されては取り消されることが繰り返された。そこでIIAFは「フォックスバット」が1回飛来すると、2回ないしそれ以上のソ連領空侵犯作戦を命令し、こうして「仕返し」の応酬が始まった。しかしソ連機の領空侵犯を防止するにはスパローを搭載するF-4よりも強力な兵器システムが必要だった。

一方、イランは1970年代の大規模軍備増強計画と、将来にわたる米国との協力関係の流れのなかで、そしてIIAFは今後20年間に予想される脅威に対抗しうる新たな迎撃機を求めていた。その機は広大なイランの領空を強力なセンサーと武器でカバーしなければならず、さらにそれにふさわしい航続性能と戦闘能力が不可欠だった。

コンペと機種選定

COMPETITION AND SELECTION

1968年に早くもIIAFはジェネラル・ダイナミクスF-111に興味を示していたが、ペンタゴンの反応は鈍く、代わりにマクダネルダグラスF-4DファントムIIを32機イランに売り込むことにした。その後ヴェトナムでの戦訓により、計画中だったF-111Bが空母での運用に適さないことが判明したため、ペンタゴンは新型の海軍用迎撃機を要求しなければならなくなった。

これに応えてグラマン社は「ミグキラー」に特化したF-14トムキャットを開発した。同機は高速で強力な大型迎撃機で、航続力の増大と多様な任務への対応、そして小型で軽快なミグとの空戦時の機動性向上のため、主翼後退角を14度から68度まで自動的に変更できた。また同機は大型のAN/AWG-9パルスドップラーレーダーと最大6発の長距離空対空ミサイル、ヒューズAIM-54フェニックスを搭載するよう設計されていたが、これは空母艦隊にとって最大の脅威と考えられていたソ連軍爆撃機の編隊を迎撃するため米海軍が要求したものだった。

トムキャットのAWG-9レーダーとAIM-54ミサイルの開発は数年前から始まっており、充分な性能を発揮できるようになっていた。このレーダーは空中目標を遠距離から捕捉できるだけでなく、同時に最大24個の目標を追尾しながら、6発のAIM-54をそれへ誘導できた。また本機は低空を飛来する巡航ミサイルの迎撃も可能であり、ミグ25のような高高度を高速飛行する目標にも対抗できた。

これらすべての能力が一機の戦闘機に盛り込まれ、かくして世界初の「スーパー戦闘機」——ほぼあらゆる脅威に対抗できる迎撃機——が生み出された。しかし同時に本機はそれまでに作られた、もっとも高価で複雑な戦闘機でもあった。しかし間もなく開発過程での諸問題や激しいインフレによる予算超過により米国内で論争が沸き起こり、そもそもこのような高価な航空機が必要なのかという議論までもが起こった。そのためグラマンと米海軍は開発と生産をさらに進めるためのコストを分担してくれる新たな顧客を探さなければならなくなった。

こうして1971年10月にグラマンはイラン政府と最初のコンタクトを取り、翌年3月にはハサン・トゥーファニアン将軍にF-14に関する機密情報に接する許可が与えられた。トゥーファニアンはシャーの軍事顧問であり、また副国防相、軍需産業統制長、兵器調達庁長官を兼任していた。間もなくシャー自身もこの航空機に興味を抱くようになった。

すでにF-14こそが求める迎撃機であると結論していたIIAF首脳部との合意により、導入手続きを開始するための書簡がペンタゴンへ送られたが、それでもまだイラン軍はアメリカのマクダネルダグラス社にF-15Aイーグルをデモンストレーションさせる機会を残していた。

初期のF-14パイロット、ラッシー大尉(本書でインタビューしたF-14のパイロットとRIOの氏名については、現役者、退役者とも保安上の理由からすべて仮名とした)は、なぜイラン軍がそれほどトムキャットに興味を抱いていたかを説明してくれた。

「F-14の選定に影響した理由はいくつかありました。イランの国境は北側がソ連と、西と南西側がイラクと接していて、どちらも高い山岳地帯に囲まれています。イランの防空司令部はレーダーのカバー範囲を広げるため、山間部の各地にレーダー前進基地を建設していましたが、地上レーダー施設だけでは状況は改善できませんでした。カバー範囲には『盲点』が多すぎ、また80km

F-14A、BuNo 160299はイラン向けに製造された最初のトムキャットで、写真は1975年、ニューヨーク州カルヴァートンのグラマン社工場でのロールアウト直後の様子。(Grumman via authors)

先からでも見えるレーダー基地の大きな白いドームは格好の目標になりました。当時、情報部が得た情報により、ソ連軍がまさにこれらを最初に攻撃することにしていたことが確認されていました」

「南部にはペルシャ湾岸沿いに米軍から供与されたレーダー群があるだけで、これは1年のうち10ヶ月もつづく高温多湿期には、まともに作動しませんでした。そうでなくても何度も改良していたのに性能が低かったのです。軍事援助プログラム計画の一環としてIIAFに供与されたレーダーは、どれも第一線級からほど遠い代物でした。アメリカ人がわれわれに与えたのは、彼らが与えたかった物であり、われわれが必要とする物ではありませんでした」

「1973年から74年の2年間、イーラジ・ガファリー大佐(イラン軍最初の戦術レーダー専門家)らのレーダー専門家のグループが『レーダー基地強化』計画でカバー範囲の問題の研究に取り組みましたが、解決策は出せませんでした。結局、地形による死角問題の完全な解決法は、『空飛ぶレーダー』であると結論されました。またその空飛ぶレーダーには自衛能力が必要でした。ですから対イラク戦争中、F-14が求められた役割を果たしたことに疑問の余地はまったくありません」

「IIAF内でこれらの研究が行なわれる前、まだ私たちがF-5A/Bフリーダムファイターと F-4DファントムIIを飛ばしていた頃、第一線級の迎撃戦闘機を探す動きが始まりました。メフディ・ロウハーニー将軍が指導する研究の結果、F-14と空中早期警戒機(AEW)が要求されました。アメリカによるF-14とF-15についての説明会が、私たちの要求を明確化するのに役立ったのは間違いありません。私たちは8機のAEW機を購入する計画を策定しました。まず4機、それからさらに4機です。そしてF-14です。最終的に4次の発注が認められました。トムキャットは第1次発注が30機、第2次が50機です。ボーイングE-3セントリー AWACSが1次、最後の1次が通信衛星2基のものでしたが、衛星によりこれらすべての航空機が確実に連絡を取り合えるようになるはずでした」

イラン軍がすでにF-14を彼ら独自の運用要求に最適の航空機として認識していたことを知らなかった米海軍とグラマンは、シャーへの激しい売り込みキャンペーンを展開したが、それには海軍のF-14運用計画統括責任者、ミッチェル大佐の派遣も含まれていた。彼は二度テヘランを訪れ、シャーとIIAF司令官たちにトムキャットの能力について説明した。そしてその最大の山場が1973年7月にメリーランド州アンドリュース空軍基地で開催されたシャーとイラン軍高官グループのための盛大な展示飛行だった。

多くの米政府当局者と海軍士官たちはこのグラマン社テストパイロットによるショーがあたえた衝撃がシャーにF-14を選定させる決め手となったと現在も信じているが、筆者らがインタビューしたイラン軍士官たちはこれを強く否定している。アリー少佐は最初にトムキャットを飛ばしたパイロットのひとりだった。彼にはF-4の飛行経験があり、米空軍、イスラエル国防空軍、ドイツ空軍、米海軍、イギリス空軍、パキスタン空軍への交換派遣任務の実績もあった。その後5機以上のイラク軍機を撃墜している彼は、イラン側の内情について詳しく語ってくれた。

「IIAFとシャーはどちらもF-14AとF-15Aについてずっと前から研究していました。研究の初期段階だった1972年には、すでに私たちはAIM-7Fミサイルを装備したF-15Aは確かに強力な複合戦闘兵器であるものの、AIM-54を装備するF-14には及ばないことを知っていました。F-14のAWG-9パルスドップラーレーダーとAIM-54の組み合わせに匹敵するものは存在しないことは判っていました。現在もそれは変わりません。またAIM-7とAIM-9についてもF-15Aより長距離で使用できます。しかもこの複雑なレーダーと兵装システムの操作は簡単でした。F-15Aの兵装システムは訓練に時間がかかり、操作も大変で、アメリカ空軍はまだマンマシーン・インターフェース、特にヘッドアップディスプレイの初期問題の解決に取り組んでいる最中で、ようやく実用化の目途がついたのは1970年代中盤でした」

「もちろん、どちらの戦闘機もすばらしいものでした。両者とも広いコクピットからの視界は最高で、戦闘機パイロットのためだけに設計され、精密な航空電子機器、強力なエンジン、優れた運動性能を備えていました。どちらも空戦中の目標追尾能力は高精度で、訓練時以外、迎え角(AOA)制限も事実上ありませんでした」〔訳注:AOAはangle of attackの略。空中戦で大きく宙返りなどを行なう際に主翼は大きく仰角をとるわけだが、そのため失速に

陥りやすくなるので、その角度を制限されること。〕

「F-15Aは当時の最先端だった操縦性向上システムのおかげで飛ばすのが楽しかったですね。しかし私たちは早い段階で運動性や多用途性についてF-15AはF-14Aほどではないと結論していました。トムキャットは飛行特性がとても素直なだけでなく、実に機敏なのです。パイロットはそれまで夢でしかなかった操縦性を味わえました。本機の可変翼と空力特性は空中機動時にとても有利でした。低高度では低速でも超音速でも、パイロットの技量が同じならば、F-14Aは必ずF-15Aに勝ちました。私はそれを身をもって体験しました。その後、私は米空軍のF-15Aを操縦し、海軍のF-14Aと模擬空中戦をしたんです」

「ドッグファイト中のF-14Aの動きの素早さは、当時ずば抜けていました。現在でも対抗できるのはF/A-18かF-22ぐらいなものでしょう。わずか100時間の訓練で私はF-14の機首をたった1秒強でAOA75度にまで上げて旋回し、敵機をAIM-9か機関砲で捕捉できるようになりました」

「F-14の唯一の弱点は信頼性の低いTF30エンジンでした。機体ではなく、このエンジンの飛ばし方を学ばねばなりませんでした。エンジンはいつもF-14の問題でした。それでも各エンジンは一定の飛行条件下ならば20,000ポンド（約9,000kg）以上の推力を叩き出しました。これはF-14Aが垂直上昇したり、AOA40度で計器対気速度85ノット以下を維持したりするのに十分でした。これを可能にしたのが大型の『スタビレーター』、つまり昇降舵と水平安定板を兼ねるものでした。2枚の方向舵のおかげで、中角度から高角度のAOAでも横転性能は良好でした」

IIAFの研究によりこうした優位な点が示され、自らも経験豊富なパイロットだったシャーは、米海軍士官による説明会でそれを確認したのだった。間もなくどちらの機体を採用すべきかがはっきりしたとラッシー大尉は話を締めくくった。

「私たちはF-14をイランに売り込もうとする、一部のアメリカ人が『セールス』と呼ぶものに、あまり耳を傾けるわけにはいきませんでした。シャーのために企画されたショーだけで、聡明で責任ある人物が何十億ドルの出費に加え、何千名もの人員の訓練と支援施設の整備のための数百万ドルの出費、さらには今後30年の空軍全体のあり方を、『F-14のデモ飛行がF-15より良かった！』というだけで決めるはずがないでしょう！　ありえません。アメリカ人パイロットの曲技飛行などで意思を左右されないだけの知識が私たちにはありました」

「私たちが求めていたのは操縦性と兵装が優れただけの戦闘機ではなく、高い多用途性を備えた防空用迎撃機でした。必要だったのは外部からの支援をまったく、あるいはほとんど必要としない優れたセンサー類、有効な長距離兵装、そしてマンマシーン・インターフェースなどの、完成されたシステムでした。ですからF-14は見逃せませんでした。対イラク戦争中のF-14の働きを見れば、この決断に疑問をはさむ余地はないでしょう」

1975年12月5日、暫定的な機番号3-863を尾翼に書き、アフターバーナーを全開にして初飛行に飛び立つBuNo 160299。興味深いことに、主に広報目的で書かれたこの番号から、多くの専門家がイラン向けトムキャットの最初の30機の機体番号は3-863から3-912だと考えたが、実際にはそうではなかった。(authors' collection)

命令TO 1-4-4号によりイラン軍のF-14A全機に施された「アジアマイナー」迷彩は上面がタンFS20400、ダークグリーンFS34079、ブラウンFS30140で、下面がグレーFS36622だった（こうした基本塗装についてはP.14のカラーイラスト参照）。主翼、水平スタビレーター、垂直安定板の前縁が無塗装のままなのに注意。(Grumman via authors)

イラン軍トムキャットをより出力と信頼性の高いF100またはF401エンジンに換装するというIIAFとプラット&ホイットニーとの予備交渉が御破算になったため、イラン軍機は信頼性が低く、繊細すぎて扱いにくい写真のTF30を装備しなければならなくなり、それは現在も変わらない。そのため1977年の3-6013と3-6048をはじめ、これまで9機もの機体がエンジンに起因する事故で失われた。(authors' collection)

引き渡しと訓練
DELIVERY AND TRAINING

「ペルシャンキング」計画は3億ドルの契約で、F-14A-GRトムキャットの最初の30機を引き渡すため、1974年1月7日に締結された。これには大量の予備部品、交換用エンジン、424発のAIM-54Aをはじめとする武装パッケージ一式も付属していた。数ヶ月後の同年6月、IIAFはさらに50機のF-14Aと290発のフェニックスミサイルを発注した。「ペルシャンキング」の総額は最終的に20億ドルに上り、これは当時1件の外国向け兵器売却としては米国史上最高額と考えられた。

イランからの受注により、間もなくトムキャット開発計画全体だけでなく、グラマン社自体もが救われたのだった。この大量受注はF-14が予算超過と開発遅延によりマスコミから散々なバッシングを受けていた最中のことで、イランがF-14をF-15よりもはるかに優れた制空戦闘機であると判断していることも示したのだった。

1974年8月、グラマンは米海軍とイラン向けの最初のまとまったバッチを生産していたが、米国連邦議会はプロジェクト全体への資金を停止してしまった。グラマンは倒産の瀬戸際に追い込まれたが、シャーはイランのメッリ銀行に命じ、IIAFの発注分に必要な資金を融資させた。これを受け、それ以外の金融機関も融資に乗り出した。このタイムリーなイランマネーの投入がなければ、F-14開発計画はあっさり中止され、米海軍は艦隊主力戦闘機を失う事態となっていたはずである。

完成後、イラン軍トムキャットには米海軍用機とは異なる迷彩が施されたが、機体自体にほとんど違いはなかった。イランのF-14はECMとECCMシステムの性能が低下させられていたという説がよくあったが、アリー少佐はそれを否定した。

「西側の出版物にはイランに供給されたAWG-9とAIM-54は、米海軍向けには内蔵されていたECM装備がない低級品だったと書かれたものが多いですね。こうした記事はまったくのでたらめです。イランに売却されたAWG-9レーダーとAIM-54は米海軍のものと完全に仕様と性能が同じでした。どちらも現在でも最高の水準です。AWG-9とAIM-54レーダーのジャミングに対抗するための作動周波数変更や波長変更のスピードが、私たちのシステムのほうが少し遅いという、わずかな違いはありますが」

「これはF-14や同様に機密性の高いシステムをイランに売却するのに反対する勢力を黙らせるために政治的な理由で導入された変更です。この改造により、海軍はイランに供給したシステムは米軍が使用しているものより性能が低いと議会に言い訳できます。実際は私たちの機に搭載された各種のプロセッサーは、海軍のF-14より100分の1秒遅いだけなのです」

「確かにこうした話は大っぴらに語られることはありませんでしたが、まったく理解に苦しむのは、ひどくダウングレードされて能力を最大限に発揮できないような飛行機や武装を渡されて、それに何十億ドルも払うほど私たちがバカだと思っている人間がいることです！」

事実、イランのトムキャットには「最高機密」であるAPX-81-M1E（海軍版の制式名はAPX-82-A）IFF（敵味方識別）判別装置までもが装備されていた。通称「コンバットツリー」と呼ばれるこの装置は、レーダーの補助なしでも敵機のIFF信号を判別するだけでその存在を探知できるだけでなく、正確な対気速度や距離などのデータも測定できた。APX-81-M1Eと海軍型F-14の同等システムの唯一の違いは、イラン機の装置が探知・判別できるのがソ連起源のIFFトランスポンダーのみという点だけだった。

しかし海軍型F-14とは異なり、イラン向けに製造された最初のトムキャット（BuNo 160299）では装備されているように見えるものの、イラン機にはレドーム下部にAN/ALR-23 IRST（赤外線監視追尾）システムが装備されていなかった。アリー少佐はこう語っている。

「ペンタゴンは熱心にALR-23をイランに売り込もうとしましたが、IIAFではこのシステムの有効距離がきわめて短く、出力データの質も低くて、赤外線の発生源を誤認することも多いのを知っていました」

代わりにIIAFは最近型のF-4Eに装備されていたASX-1 TISEO電子光学識別システムが優秀なのを知ると、より高性能なノースロップAN/AXX-1テレビカメラセット（TCS）の実用化を待つことにした。しかし同システムの実戦化が発表される1980年代初頭を迎える前に革命が起こり、シャーは失脚し、米国はそれまでの同盟関係を破棄した。

イランのF-14には空母着艦用のAN/ARA-62計器着陸システムと、KIT-1A、KIR-1A、KY-28暗号化／暗号解除装置も搭載されていない。さらにイランに引き渡されたAIM-54Aは、米国製航空機とそのECMシステムとの戦闘で、能力が劣るようにECCM装備がダウングレードされていた。

安全面については、イラン軍トムキャットは全機が米空軍型の座席ハーネス固定具、希釈器デマンド型酸素システムと酸素マスクを装備しており、IIAFのパイロットはこれを米海軍型よりも快適だと考えていた。最後にイラン軍のF-14はTF30-PW-414エンジンを装備していたが、これは以前のTF-30-PW-412よりはストール特性が改善されていたものの、やはり気難しいエンジンで、最大ドライ推力時には煙を曳いた。

F-14のイラン到着に先立ち、エスファハーンに近い砂漠に大規模な飛行基地が新たに建設された。第8戦術戦闘基地（TFB8）として知られるこの基地は、1975年9月12日にハンググライダー事故で死亡した伝説的なIIAF総司令ハータミー将軍を記念し、ハータミー基地と命名された。この基地はイラン国内におけるトムキャット運用の中心地となり、同機を装備する最初の2個飛行隊、第81および第82戦術戦闘飛行隊（TFS）がここに配置された。第71および72TFSはシーラーズに近いTFB7基地で編成されたとラッシー少佐は語った。

「よく本に書かれているのとは反対に、イラン軍のF-14クルーの訓練はとても順調に進みました。グラマンのクラーク氏がIIAFと米海軍と会社との連絡役でした。彼はグラマン社員、米海軍パイロット、技術者の計14人からなる最初のチームを編成してイランに派遣し、IIAFがトムキャットを部隊へ導入する準備を支援させました。彼らはこれから赴任する基地を視察し、現地の司令官や将来教え子となる搭乗員たちに会い、訓練課程を策定しました。IIAFのF-14導入計画の窓口役はS・グレーズ大佐で、彼の上司のゴーハリー将軍が報告書をトゥーファニアン将軍へ出していました」

1974年5月にイラン軍のF-4老練者パイロット4名が第一陣としてカリフォルニア州のミラマー海軍航空基地に到着し、海軍の西海岸F-14訓練部隊VF-124「ガンファイターズ」でF-14の訓練を開始した。アブドルホセイン・ミノウセペフル将軍（IIAF第8戦術戦闘航空団司令であり、F-14導入計画の最高責任者も兼任

米海軍向けのトムキャットとA-6Eイントルーダーのかたわらで組み立てられるイラン向けのF-14A。ここカルヴァートンで最終組み立て段階を迎えている機には将来「アリーキャット」となる機も見える。イラン軍と米海軍トムキャットとの迷彩色以外の外観的な違いは、IIAF機では空中給油用プローブのカバーがない点である。引き渡し前にイラン側の要望によりドアが撤去されたのだが、これはIIAFが空中給油中にドアが脱落して胴体を損傷する可能性があるのを知ったため。(Grumman via authors)

していた)、モジュタバ・ザンゲネ少佐、モハマド・ファルヴァハール少佐、カーラーン・ヘイダルザデ大尉である。彼らは最初のF-14訓練教官になる予定だった。ザンゲネにはIIAF士官として米国内でAIM-54フェニックスミサイルのテストが命じられていた。

1ヶ月後、第二陣として80名の士官がヴァージニア州オシアナ海軍航空基地に到着し、海軍の東海岸F-14訓練部隊VF-101「グリムリーパーズ」で訓練を開始した。

このグループにはさらに11名のパイロットがおり、その全員が大尉だった。ハサン・アフガントロイー、ジャムシード・アフシャー、アッバース・アミラスラーニ、レザー・アタイー、バハラーム・ガーネイー、アボルファズル・ホーシャヤール、ジャリール・モスレミー、モハマド・ピラステ、シャハラーム・ロスタミー、ジャヴァード・ショカライー、ホセイン・タグディシらである。彼らには技術者グループも少数随伴していた。

ほかにもイラン軍地上員たちがプラット&ホイットニー社へ行き、TF30エンジンの整備法と修理法を学んだ。また26名の技師がヒューズ航空機会社の兵器部門へ派遣され、AWG-9レーダーとその関連システム、そしてAIM-54Aフェニックスミサイルについての訓練と座学講習を始めた。

最初の米国人F-14訓練教官4名がイランに到着したのは1975年11月だった。施設の視察と訓練計画の準備後、彼らは航空機引き渡し前の再教育のため帰国した。1976年4月末から1979年2月まで、27名の米国人教官パイロットがグラマン社社員とともにハータミー基地に赴任した。彼らを指揮していたのはグラマンのL・A・シニードとC・ザンガス(いずれも元米海軍士官)で、両名は米軍のイラン駐留軍総司令である米空軍のR・ハイヤー将軍と直接話せる立場にあった。

1976年3月、マランディー大佐がハータミー基地司令になると、IIAFのM・ロスタミー大佐と米海軍のデイヴ・チュー少佐の指揮のもと、イラン軍パイロットの第二次大規模派遣団がミラマー海軍航空基地に到着し、F-14Aへの転換訓練を受けた。このグループは記録的な短期間で訓練を終えただけでなく、アメリカの海軍、空軍、海兵隊、州軍との合同演習にも参加した。

1976年12月までに大部分の地上員の訓練が完了した。わずか2年間で110 ~ 120名の人員が完全に教育課程を修了し、さらに100名が訓練中だったが、うち約20名が最終修了試験の目前だった。にもかかわらずイランでのF-14の運用開始直後、多くの整備上の問題がこのきわめて複雑な戦闘機で発生した。グラマンはイラン人訓練生のために教育チームを複数編成し、扱う装備の故障や損傷に対処するためのトラブルシューティング法と手順を教えた。しかしこれらのチームの活動は米国内に限定されていたと

20mmジェネラルエレクトリックM61A1バルカン砲のクローズアップ。回転式銃身6本と銃身回転用モーターを備え、ドラム弾倉には最大675発を搭載する。最大発射速度は毎分6,000発、砲口速度は1,036m／秒である。コクピット周辺のステンシル類も見える。イラン軍トムキャットに塗装された警告ステンシル類はすべて英語表記で、米海軍のF-14と同一である。(authors' collection)

写真のパイロットとRIOたちは第81TFS所属で、F-14Aへの転換訓練を最初に実施した人員の一部である。保安上の措置により、彼らの氏名は公表されていない。(IIAF Association)

これら3点の写真は、ハータミー基地にトムキャット専用に建設された管制塔、充実した地上支援施設、堅固化航空機掩体（各F-14を最大2機格納）である。イラン中央部のエスファハーン郊外の砂漠に建設されたこの基地は、イラン軍F-14専用の作戦運用中心地として建設された。（IIAF Association via authors）

F-14を受領した第三のIIAF部隊は第73TFSで、1977年にシーラーズのTFB7基地で運用を開始した。同部隊のF-14A、3-6063（手前）と3-6052はいずれも小さな黒円内に数字の7という基地番号を垂直尾翼に書いている。イラン軍トムキャットには米海軍のような派手なマーキングが施されることはなかった。事実、革命が起きるまで追加されたマーキングは基地番号とシリアルのみだった。（US Department of Defense via authors）

イランへの引き渡し飛行の直前、カルヴァートンのタールマック舗装のエプロンで新造トムキャットの列の先頭に並ぶイラン軍向けF-14A、H6（手前、BuNo 160304、IIAFシリアル3-6006）とH4（奥、BuNo 160302、IIAFシリアル3-6004）。高い位置からの撮影のため、機体上面の迷彩パターンがよくわかる。（Grumman via authors）

アリー少佐は語っている。
「アメリカ人はトムキャットの航空電子機器の機密事項をイラン人技術スタッフに何も教えようとしませんでしたし、私たちに単独作業は絶対させませんでした。ペンタゴンは『機密』システムがイランで修理されたり整備されることを許可せず、イラン人技術者がそれを整備したり修理できるように訓練しませんでした。この種の部品はすべて梱包して米国に送らねばならず、整備や修理に高額な代金を請求されました。そのせいで革命までの数年間、IIAFは飛べないF-14をいつもたくさん抱えていました」
こうした整備上の問題を改善するため、複雑で高価なピースログという名称のコンピューター支援兵站インフラが開発され、組織管理と米国のさまざまな企業からイランへの交換部品と兵器の調達や輸送に使用された。しかしアメリカ人の最大の目的はトムキャットとその多くの機密システムの秘密を何としても守ることであり、そのためにIIAFが被る損害には無関心だった。
「ペルシャンキング」計画におけるもうひとつ深刻な技術的問題は、トムキャットのエンジンだった。本来TF30はより適したエンジンが見つかるまで—1970年代中盤と予測されていた—の安価な間に合わせ品でしかないはずだった。新型エンジン開発計画は最終的に資金不足によりキャンセルされたが、その頃にはすでにTF30-PW-412は大きな問題を露呈し始めており、ストール発生が抑えられた性能向上型の-414の導入後もこれは解決されなかった。初期には空中戦闘訓練中、エンジンストールにより2機のF-14Aが失われ、イラン人パイロット1名が死亡している。
IIAFはトムキャットのエンジンの弱点を承知しており、直ちにプラット＆ホイットニーとTF30エンジンの代替品について交渉を内密に開始した。1976年にイランがさらに70機のF-14を購入するという発注内示書を出していたため、これは喫緊の問題だった。

こうしたエンジンの問題にもかかわらず、F-14はやはり優れたマシーンであり、これほどIIAFパイロットに愛された飛行機はそれまでなかったとジャヴァード大尉は語っている。
「元F-4パイロットとして、私は訓練の開始時からF-14Aが格段の進歩を遂げていたのがわかりました。ファントムIIの飛行隊から新しいトムキャット部隊へ移るのには、何の問題もありませんでした。ファントムIIも大好きでしたが、F-14Aはもっと好きになりました。パイロットなら誰でもその軍歴中に1機や2機の飛行機に惚れこむものなのですが、最愛のものは絶対に1機しかなく、私の場合、それは間違いなく愛する祖国の旗とIIAFのマーキングをつけた砂漠迷彩のF-14でした」
「機体に初めて触った時、私は誇らしさに圧倒され、この機の導入計画に参加できたことを名誉に感じました。それはシャーとIIAFの司令官が私の乗るトムキャットの視察に到着した、まさにその時でした。陛下は私とこの新たな愛機をいとおしく思うほかの3人のパイロットをご覧になりました。陛下は私たちに近づき、互いに敬礼したのち、私に尋ねられました。『大尉、我が軍の最新鋭戦闘機をどう思うかね？』」
「私はイランを守るのにF-14より優れた戦闘機は世界にないと思います、と答えました。シャーは微笑まれ、こうおっしゃりました。『大尉、世界にこれより優れた戦闘機は存在しないのだ。それがわれわれがこの機を我が軍に導入した理由だよ。だがね大尉、私が下さねばならん命令は困難なもので、君の双肩には大きな重荷となるかもしれん。君の戦友たちにもだ。早くトムキャットとその兵装システムに習熟したまえ。F-14とその先進的なシステムも、それを飛ばすパイロットが信頼できてこそ、初めて国防の役に立つのだ。だから大尉、つねに最善を尽くしてくれたまえ』と」
「私は陛下のお言葉どおりに頑張りました。飛行隊の全員もです。

イランへの引き渡し飛行に備え、暫定的に米軍国籍マークを描かれたH29（BuNo 160327、のちの3-6029）のクローズアップ。空中給油用プローブのカバーがまだ撤去されておらず、右インテイク周辺にブラウンの迷彩色が塗られているのに注意。（Grumman via authors）

私たちのF-14の訓練は滞りなく順調に進みました。コクピットのレイアウトはすばらしく、視界は前席、後席ともF-4よりずっと良くなっていました。コクピットは快適で、何だか懐かしい感じがしました。たぶんファントムIIもトムキャットもアメリカ海軍用に設計されたからでしょう。20mm砲とAIM-7とAIM-9のシステムは、どれももうお馴染みのものでした。私が一生懸命訓練しなければならなかったのはAIM-54のシステムだけでした」

F-14プロジェクトがなかなか捗らなかったのはIIAFに適格な人材が不足していたからだと語る米軍の教官がいたのは確かだが、IIAFの選りすぐりの人員たちは実際にはそれほどの期間をかけることなく本機を運用できるようになったとラッシー少佐は語っている。

「間もなく基礎訓練を修了した私たちは、戦闘時の飛行法と戦闘法の教程へ進みました。友軍のF-5EタイガーIIやF-4ファントムIIとの異機種空戦訓練では、私たちは絶対に負けませんでした。スラット翼つきのF-4Eが4機束になってかかってきても、ものの数分で単機のトムキャットが勝利しました。イラン軍にも、のちのイラク空軍にも、私のトムキャットにかなう機はありませんでした」

アリー少佐は付け加えた。

「シャーと司令たちはソ連のミグ25の領空侵犯に対して懸念を募らせていました。F-4がソ連機を取り逃がすたびに、私たちは何か新しいことを試しました。私たちは少しずつ距離を詰め、1975年についにミグ25Rを1機スパローで撃墜したのですが、その機は墜落する前に国境の向こうへ戻ってしまいました。これは危険なゲームでしたが、それからすぐにソ連はイランのRF-4を1機撃墜したのです」。

「緊張が非常に高まったので、IIAFは1976年にイタリアの会社からAQM-37無人標的機を6機購入すると、私たちが新品のF-14でテストするよう命じられました。ファントムIIから発射された5機のドローンはミグ25の速度と高度をシミュレートしながら飛びましたが、うち4機がAIM-54で撃墜されました。フェニックスが1発外れたのはシステム故障のためです。数週間後、あるF-14がソ連のミグ25Rを迎撃し、高度2万mをマッハ2強で飛んでいたその機をAWG-9レーダーでロックアップしました。ソ連軍は直ちに越境飛行を停止し、われわれも相互協定により同様にしました。しかしそれで私たちの訓練が終わったわけではなく、フェニックスが発射されたのもそれが最後ではありませんでした」

米軍による訓練の一環として、パイロットたちはIIAF用のAIM-54Aを組み立てていたヒューズ社を見学した。そのひとりはこう語ってくれた。

「1976年の見学で私はイラン軍向けと米海軍向けのAIM-54Aの組み立てラインを見ることができました。イラン向けのミサイルは手作りで、本当にゆっくりのんびりしたペースで作られていましたが、米海軍のラインは凄いもので、さまざまな完成段階のAIM-54が少なくとも40発はありました」

IIAFが発注したAIM-54Aは714発前後だったが、引き渡されたのは訓練弾も含めて284発にすぎなかった。革命が「ペルシャンキング」計画に唐突な終焉をもたらした時、さらに40発が積み出し準備を整えていた。やはり実戦経験の豊富なベテランパイロット、ヌズラーン少佐は、のちにたった一度の戦闘で4機のミグ23を撃墜しているが、こう説明してくれた。

「AIM-54は本当に強力なシステムで、現在もその性能に匹敵しうる実戦兵器は存在しないでしょう。その後さまざまな空対空ミサイルの速度と運動性が盛んに議論されました。しかし1979年にイランで実施されたテストで、AIM-54Aは無人標的機を直撃する寸前、高度2万4,000mでマッハ4.4を記録しました。この大きくて重いミサイルには急上昇や急降下の限界がなく、最大17Gでの機動が可能でした。またわずか距離7.5kmの標的に対するテストも実施したのですが、1979年初めのテストではAIM-54Aは212kmもの飛翔距離を記録していて、これは非公認ですが世界記録かもしれません。この兵器の唯一の問題はメンテナンスでした。フェニックスは非常に複雑なシステムなのです」

同時に6発のAIM-54を発射できるF-14の能力については多く

前ページのBuNo 170327と同じ時にカルヴァートンで撮影されたBuNo 160314（のちの3-6016）。(Grumman via authors)

の書籍に書かれている。これほど大量の兵装を搭載した状態での本機の能力について、アリー少佐はパイロットとしてよく理解していた。

「トムキャットにAIM-54を6発搭載することは、ほとんどありませんでした。過去にそのように武装したF-14を見たのは二回だけで、対イラク戦争の前でした。1978年5月に私はAIM-54を6発搭載してトムキャットを飛ばしましたが、この大きくて重いミサイルの重量と空気抵抗のせいで、機体がどれほど速度と航続距離と運動性に大きな影響を受けるのかを知って驚きました。6発のAIM-54を積んだF-14に格闘戦は無理で、着陸速度もずっと速くなり、時速290km近くになります（通常は時速230km)。これは飛行機と搭乗員の両方にとって危険です」。

AIM-54のおかげで長距離シュートダウン（下方射撃）能力を備えていたトムキャットは卓越した格闘戦能力ももっていた。以下はラッシー大尉が米海軍の教官から教わったF-14での近接戦闘についてである。

「F-4での格闘戦訓練の時、アメリカ人はこう言っていました。『敵機を常に視界に入れておけ。攻撃された場合、逃げることで敵機を回避しようとするのは、必ずしもベストとは限らない。前から来るミサイルを避けるのは、後ろからのを振り切るよりも簡単だから、敵機と正対するようにせよ』と。しかしF-14の訓練の時は、こう言われました。『敵機を視界に入れたまま攻撃に移れ。F-14はそのほうが簡単だからだ。敵機の尻に喰いついていれば、こっちは撃てるが、向こうは撃ち返せない』。正反対です。そして事実もそのとおりだったのです」

「戦争中、イラク軍のミグ21や新型のマジック空対空ミサイルを搭載したミラージュと何度か遭遇しましたが、向こうがこちらを見つける前に、楽々と攻撃を仕掛けて撃墜したり、失速ぎりぎりの急旋回で相手をオーバーシュートさせたりすることができました。それから敵機が何だろうと関係なく、うまく旋回してアフターバーナーを全開にすれば、運動エネルギーをまた獲得して、自機を射撃位置へ持っていけました。模擬格闘戦ではサイドワインダーとバルカン砲が最高の兵器で、それは実戦でも同じでした」

アリー大尉はこう結んだ。

「私たちを訓練した海軍パイロットたちは、何年も演習でアメリカ空軍やイスラエル空軍のF-15やF-16をほとんど意のままに『撃墜』していました。私たちは彼らにじっくり訓練されたのです。その後、はるかに新型のミグ29にも私たちは勝ちました。1990年にIRIAFはミグ29を購入しましたが、数機しか買わなかったのはそれが理由です」

AIM-54Aに加え、イランのF-14はAIM-9Pサイドワインダーも装備したが、これは800発以上が購入された。イランにはAIM-7Fの供給も許可されていたが、IIAFが中距離と遠距離の空戦にはAIM-54Aを使用する方針だったため、引き渡されることはなかった。にもかかわらずイラン軍はAIM-7E-2とAIM-7E-4を可能な限り多く入手しているが、後者はAWG-9でも使用可能なスパローの特殊型だった。

F-14とF-4を支援するため、IIAFはボーイングKC-707-3J9C給油機を1974年から78年にかけて14機購入した。6機は空軍方式対応の給油ブームのみを装備していたが、1976年からほかの6機にビーチ1800型ドローグを備えた翼端給油ポッドが追加された。これらが購入された理由は、米海軍方式の空中給油システムを使用するトムキャットを支援するためのみだった。これと同じ調達計画で最初の6機のKC-707にもこれらのポッドが追加装備された。さらに「ローヴィングアイ（うろつく眼）」計画で2機のKC-707にELINT／SIGINT偵察プラットフォームが装備されたが、これは敵の電子機器の発信電波、防空システムの活動、無線交信を監視するものだった。しかしヌズラーン少佐はこう語っている。

「1970年代のIIAFではKC-707の操縦者の多くがアメリカ人の契約パイロットでした。そのせいで対イラク戦争中、IRIAFはわずか6機のKC-707を稼働状態に維持するのが精一杯でした。2機は輸送機に改造され、ほとんどいつも臨戦態勢で、IRIAFが裏ルートで購入した予備部品を受け取るため、いつでも世界中のどこへでも飛んで行ける状態になっていました」。

引き渡し飛行時に撮影されたBuNo 160327で、胴体後部と左垂直安定板の右側迷彩パターンがよくわかる。前述のとおり、このトムキャットはイラン軍で3-6029となったが、その後の履歴は不明である。暫定的に米軍マークをつけ、ベスページから飛び立ったトムキャット編隊はスペインのロタとトルコを経由してイランへ向かった。途中、編隊は米空軍のボーイングKC-135から空中給油を受けた。米軍マークはイラン到着後、直ちにイラン軍マークに塗り替えられるのが普通だった。トルコ・イラン国境の山岳地帯を背にする本機の引き渡し飛行の出発地はベスページではなく、グラマンのカルヴァートン試験飛行場だった。通説と異なり、「ペルシャンキング」計画はアメリカ、イランの両国で迅速に進められた。事実、最初の機体引き渡しは、諸々の事情やグラマンの資金問題にもかかわらず、発注からわずか2年後だった。
(authors' collection)

TFB-1基地上空で旋回し、最終進入パターンに入るH-56（BuNo 160354）。湿度の高い大気中で旋回したため、主翼前縁に渦が生じているのに注意。また通常ではわかりにくい機体上面の迷彩パターンも興味深い。（authors' collection）

革命
THE REVOLUTION

多くの出版物がイスラーム革命以降、「すべての有能な」イラン軍F-14パイロットが亡命するか、逮捕されて投獄されたとしている。なかには新政権により処刑された者もいたと書かれている。しかし社会不安や革命、そして彼ら自身と家族への迫害にもかかわらず、F-14のパイロット適格者でイランから去ったのはわずか27名だった。このうち最初期の基幹搭乗員は2名だけで、まだ訓練中だったパイロットは15名だった。シャーやアメリカ人よりも先に家族を連れて国を去った者もいたが、そうでない者はイランに残り、これからの成り行きを見届けようとした。

F-14のパイロットは全員がこの任務のために選り抜かれた人員であり、充分な経験をもつ傑出した搭乗員だった。彼らはイラン社会の最上層の人々でもあり、誰もが愛国者だった。そのため身に迫る危険にもかかわらず、大部分が国に留まったのだった。新政権のせいで悲惨な目にあった人は大勢いたとアリー少佐は語った。1970年代に訓練を受けた彼は、聖職者たちの呼ぶところの「シャーのパイロット」の典型だった。

「ある親友から、イランにいたら君も家族ももう安全ではいられないぞと警告されました。でも私は心底から自分の国でそんなことが起こるとは信じられませんでした。でもすぐ考えを改めました。私は自宅で4人の暴漢に銃を突きつけられて家族の目の前で逮捕され、例の警告をしてくれた親友はイランを去っていきました。私は投獄されて堕落者として告発され、酷い拷問を受けました。今ではイランから亡命したパイロットたちの判断は正しかったと私は確信しています。当時イランを支配していた権力から無事でいられたパイロットはまずいませんでした」

ラッシー少佐はあるイラン軍F-14トップパイロットの体験に

最初にイラン軍に引き渡された2機のF-14はBuNo 160299と160300だった。1976年1月24日、TFB8ハータミー基地に到着した直後の撮影だが、すでにIIAFの文字とイラン軍マーキングが施されている。前者に搭乗していたのはグラマン社のテストパイロットと氏名不詳のイラン軍RIOだが、後者に搭乗していたのはIIAFのファルヴァハール少佐とヒューズ社のRIO 、E・S・ホームバーグだった。（Grumman via authors）

パフラヴィー朝の50周年記念行事として、TFB8では1977年にハータミー基地で特別展示を行なった。当時イランにF-14は21機しかなかったが、20機が出展された。11機が駐機場に展示され（3-6003、3-6006、3-6011、3-6013、3-6015、3-6016を含む）、そのうち9機が祝賀飛行に参加し、2機がボーイングKC-707-3J9C空中給油機と組んで飛行した。中央右に見えるエンジン始動車も含め、本機の支援装備は米国製だった。（Grumman）

ついて語ってくれた。

「その士官は革命前にアメリカとイスラエルで訓練を受けていて、シャーへの忠誠心で有名だった男で、その両方を革命後も隠そうとはしませんでした。彼はホメイニーの『モスタザフィン（被抑圧者）』とは絶対に馴れ合おうとせず、新政権に身柄を逮捕させるに任せました。中産階級の粛清が始まった1980年に彼は逮捕され、監獄で拷問されました。イラク軍の侵攻がなかったら、彼は1980年の10月か11月には死んでいたでしょう」

「戦争が始まると彼は監獄から釈放されましたが、それは『精神リハビリ』と階級降格のあとでした。なぜなら彼はトムキャットの操縦技術で名を馳せていたパイロットだったからです。でもわずか1年後に彼は再逮捕され、今度は革命防衛隊は彼の功績に対する褒美として、もう一度死刑を宣告したのです。政府はその後、彼を再教育して部隊に戻すことに決定しましたが、その前に彼は防衛隊による『リハビリ鞭打ち』に1ヵ月も耐えなければなりませんでした。当時、そのパイロットやほかの士官たちが舐めた辛酸は想像を絶するもので、確かなのは決して屈しない肉体と精神をもった人だけが生き残れたということです。そしてその経験から立ち直れたのは、誰よりも強い人たちだけでした」

「釈放されて部隊に戻ったそのパイロットは、革命政府の教義でガチガチの機上兵装管制士官と一緒でしか飛行を許可されませんでした。そのほとんどは若い少尉で、1979年の革命で訓練を中断された者たちでした。高速ジェット機パイロットどころか、士官としてすらまったく適格でない者がほとんどでしたが、彼らはパイロットに命令を下し、服従を強いていました。それでもその士官は投獄や拷問、そして日常的な死刑の脅しにもかかわらず、絶対に屈服しませんでした。彼はどこまでも『シャーのパイロット』でありつづけ、真のイランの愛国者でした。彼はその後F-14搭乗員として大活躍することになり、体にF-14の血が流れているとまで言われました。残念ながら政治的な状況のせいで、彼もイランの無数の『忘れられた戦士』のひとりになることでしょう」

1978～79年にかけてイランから亡命したり、新政権に迫害されたのは搭乗員だけではなかったとアリー少佐は語った。

「アメリカ人が国外に脱出した時、イランのもっとも優れた技術者たちも大勢彼らについて行ってしまいました。それ以外の技術者は新政権に投獄されてしまい、なかには殺された者もいました。そのせいで77機あったF-14の整備にあたる技術者が80人しかいなくなってしまいました。しかもそれには完全な適格者でない者や、訓練未修了者も含まれていました」

1979年2月にはF-14に関連する訓練はアメリカとイランの両国で停止してしまった。さらに悪いことに、アメリカ人たちは後に残すことになったF-14AとAIM-54に破壊工作を試みたとジャヴァード大尉は語った。

「ヒューズの技術者はアメリカへ引き揚げる前にハータミーで16発のAIM-54Aを破壊していきました。この16発のフェニックスミサイルは使用準備の整っていた実弾で、緊急発進用のトムキャットが格納された堅固化航空機掩体の近くに即応状態で保管されていました。彼らはイラン軍の全F-14部隊に破壊工作を行ない、AIM-54を二度と使えないようにしたと後日の報道には出て

BuNo 160378はイラン向けに製造されたF-14Aの80番目かつ最後の機である。本機は米国内に留め置かれ、米空軍のブーム&レセプタクル式空中給油装置に改造される予定だった。結局改造は中止され、イランへの引き渡しも行なわれなかった。シャーの失脚後、本機は航空宇宙整備再生センターで保管された。1986年に本機はカリフォルニア州ノースアイランドの海軍航空廠で再整備を受け、米海軍仕様に戻された。本機はそれから1987年11月13日に太平洋ミサイル試験センターに移籍された。その後本機は海軍航空戦センターやポイントマグーの兵器試験飛行隊で使用されたが、この時の塗装は海軍標準仕様の「ゴーストグレー」だった。(authors' collection)

いました。実際はそれ以外のミサイルは無事で、ハータミーの地下壕に厳重な警備下、保管／輸送用ケースに密封されていました。あいにく、その後私たちは米海軍から盗まれた部品で壊された16発をすべて修理してしまいましたが」

こうした破壊工作についての虚偽の報告にもかかわらず、米海軍は事実を完全に把握しており、シャーの崩御後間もなく、カリフォルニア州ポイントマグーの海軍試験センターに一連の最優先任務が命じられた。その任務とはイランに売却されたAIM-54Aシステムを無効化できる電子妨害手段の開発と、米軍のAIM-54へのイランの電子妨害に対する防御対策の確立だった。試験センターはF-14のICWDレーダー警報装置を改良し、イランのAWG-9レーダーからの電波を極周波帯で探知可能にすることも命じられた。

トムキャット開発の開始時以来、それまで米海軍はその性能向上計画に対して追加予算を投じたことはなかった。しかしシャーの失脚にともない、このふたつの計画だけで2億ドルの予算を計上することが明らかになった。さらにこれがフェニックスの新たな性能向上型（AIM-54B）へのしわ寄せとなり、部隊配備を1980年代初めにしようと急いだため、不良品が多数製造されてしまった。海軍上層部がこうした措置が必要であると認識したのは、ペルシャ湾におけるイラン軍のF-14が呈する脅威が重大だったためである。

こうしてトムキャットはイランとアメリカの両国で論争の的になった。1979年の大半と1980年のかなりの期間、米政府代表とイラン政府のあいだでIRIAFのトムキャットの買い戻しについて低調な交渉が行なわれた。F-14は再整備後、米海軍ないし米空軍に復帰するか、あるいはイギリスかサウジアラビアに売却される可能性すらあった。当時イラン軍のF-14は大半が飛行不能状態で、新政権と生き残りの空軍司令官たちとのあいだで、この高性能だが金のかかる迎撃機の処遇について会議が繰り返されていた。

アーヤトッラー・ホメイニーの義理の息子、サデク・タバタバイーやファッラーヒー陸軍少将を含む政府高官たちは、F-14を全機アメリカに売却返還したいと考えていた。しかし新たに改称されたイラン・イスラーム共和国空軍（IRIAF）総司令のファコウリー少将をはじめとするグループはその案に反対した。この問題は最終的にアメリカ議会にも届いたが、米国大使館占拠事件により両国関係が冷却化したため棚上げされた。その後緊張が高まるにつれ、イランでF-14Aは緩慢だが任務に復帰していった。

「新生」IRIAFの真の実力を隠すため、この措置は完全な秘密裏に実施された。例えば失敗に終わった1980年4月30日の人質救出作戦で撃墜された米空軍のRH-53Dヘリコプターは、公式にはイラン空軍のファントムIIにより銃撃、破壊されたと発表されている。しかし実際は当時のIRIAF司令バゲリ少将に攻撃を命じられた2機のF-14が撃墜したのだった。この命令がアメリカ人との共謀であると歪曲され、彼は逮捕されて処刑された。こうしてイラン軍トムキャットの作戦運用に対する政府の秘匿工作が始まった。

第2章

初撃墜

FIRST KILLS

どの戦争でも最初に学ばれる戦訓は、「長期にわたって敵に通用する構想は存在しない」である。F-14Aの場合、米海軍はこれを強力な「艦隊防空戦闘機」と定義し、ソ連軍爆撃機の大規模編隊に長距離空対空ミサイルで対抗し、空母群を防衛するために開発したが、この原則をイラン軍は確かに実践したのだった。

1986年のリビア紛争や1991年の湾岸戦争を例にとれば、米海軍のトムキャット搭乗員には「陸上飛行」や積極的な内陸進出作戦はまったく期待されなかった。しかしイラン軍パイロットにとってそれは日常任務の一環であり、たとえ乗機のAWG-9レーダーが機能しなくてもそれは変わらなかった。

IRIAFのF-14の初の空対空戦闘は勝利に終わったが、その経緯もやはり偶発的なものだった。イラン・イラク戦争の最初の前哨戦は1980年9月4日に発生した。その直後からIRIAFはますます多くのF-14を戦線復帰させていった。当時存在していた77機の大部分は非稼働状態か、少なくともAWG-9が作動しない状態で、搭乗員もしばらく訓練や実戦から遠ざかっていた。レーダーが機能せず、搭乗員が「新米」同然だった結果、F-14部隊はイラク軍機の迎撃にあたり地上管制に大きく依存せざるをえなくなった。やがてこの状況は緊張が高まるにつれて一変したが、それはトムキャットとAWG-9の信頼性がどちらも向上したことと、ソーティを重ねるうちにクルーがかつての訓練内容を思い出し、自信を持てるようになったからだった。

イラク軍との最初の交戦から数日以内に10数機のF-14が活動を再開し、国境地帯で戦闘空中哨戒（CAP）を実施するようになった。9月7日午後、イラク陸軍航空隊第4混成航空団第1戦闘輸送ヘリコプター飛行隊のミル25ハインド攻撃ヘリコプター5機がイラン領空に侵入し、アルガウス地方の国境監視所数ヶ所を攻撃した。その出現をIRIAFの現地レーダー基地が探知し、2機のF-14Aが迎撃に差し向けられた。

数分後、先導するトムキャットのパイロットはミル25を自機のレーダーで捕捉し、その後方から高速降下した。サイドワインダー1発を発射準備しながら、パイロットは地表の熱を背景にした状態でロックオンしようとした。AIM-9Pサイドワインダーはヴェトナム戦争時代のAIM-9B/Eよりは大幅に改良されていたものの、そこまでの性能はなかった。ミサイルの初弾はロックオンが外れ、イラク軍の最後尾機の後方の地面に突っ込んだ。ミル25に反撃の機会を与えないよう高速旋回しながら、イラン軍パイロットはサイドワインダーをもう1発撃った。しかしこのミサイルも目標追尾に失敗し、地表に命中した。技術的に考えれば、この戦闘はもう打ち切るべきだった。

現代の戦闘ルールや大半の戦術マニュアルによれば、F-14のような高価な迎撃機を接近戦で重武装のヘリコプターと交戦させるべきではない。しかしイラン軍パイロットは躊躇しなかった。

対イラク戦争は、IRIAFのF-14部隊に対して完全な奇襲攻撃とはならなかった。アメリカとイスラエルから侵攻が迫っていることを警告されていたイランのバニーサドル大統領は、合衆国との緊張が高まっていた1980年4～5月にすでにF-14を数機、運用再開するよう命じていた。9月7日にはハータミー空軍基地で少数のトムキャットが作戦可能になっており、その1機が20mm砲でイラク陸軍航空隊第1戦闘輸送ヘリコプター飛行隊のミル25攻撃ヘリコプターを撃墜し、本機種による初撃墜を記録した。（authors' collection）

ハサン・サデギー大佐はイラン初のトムキャットパイロットのひとりである。サデギーのような人物は、革命とその後の無秩序状態で悲惨な体験を味わった。彼の同時代人の多く、搭乗員や技術者たちが母国を去ったが、そうでない者は投獄され、拷問を受けたり、さらには処刑されたりした例もあった。しかし1980年9月にイラクがイランに侵攻すると、彼らの大部分は前線での飛行任務に復帰を果たし、その知識と経験は戦争の全期間にわたってトムキャット部隊に多大な戦果をもたらした。(IIAF Association via authors)

AIM-54Aによる初撃墜を記録したのはモハンマドレザー・アタイー少佐で、イラク軍のミグ23MSを9月13日に1機撃墜した。つづいてTFB8基地の指揮官たちはトムキャットとフェニックスの実戦使用を許可し、その戦闘能力の高さを当時トムキャット全機の売却を考えていたテヘラーンの宗教指導者たちに示そうとした。写真は国境のイラン側わずか数kmの地点に墜落したミグの残骸。(authors' collection)

1980年9月初旬にはイラク国境に常時CAP滞空ができるだけの数のトムキャットが稼働状態に復帰していた。間もなく空戦がいくつか発生したが、9月10日に起きた最初の戦闘でイラク空軍のミグ21RFが1機撃墜された。写真はその残骸を回収するイラン兵。この偵察戦闘機の主力自衛兵器であるR-13(AA-2アトール)空対空ミサイルの原形をとどめた残骸に注意。このR-13はテヘラーンで一般公開され、「イラク軍がアメリカ製サイドワインダーミサイルを使用している証拠」、「イラク軍地対地ロケット弾(!)の残骸」などと、さまざまに喧伝された。政府統制下のイランの報道内容がこうした有様だったことを考えれば、IRIAFのF-14の活動実態を国際メディアが過去20年以上にわたって誤解していたのもやむをえまい。
(authors' collection)

米海軍のプローブ&ドローグ方式空中給油装置を装備したトムキャットを支援するため、IIAFはボーイングKC-707-3J9C給油機を6機導入していた。写真の5-8302は1978年、米国での撮影で、主翼にビーチ1800型給油ポッドを装備している。これは空気駆動式ポンプ、ホースリール、ドローグバスケットを内蔵していた。イラン軍給油機はさらに給油ブームに特製のホースとドローグアダプターを装備可能だったので、イランは2種類の空中給油システムを給油機に装備した最初の国となった。IIAFはこれらの給油機を実に約20年も運用しつづけた。(authors' collection)

操縦桿で「GUN」を選択すると、彼は照準器のピパーを最後尾のミル25に重ね合わせ、発砲した。同機のM61A1バルカン砲から400発の弾丸が放たれた。その多くが命中し、このイラク軍攻撃ヘリはまばゆい火球となって爆発した。

これがイラン軍F-14Aによる初の撃墜であり、米海軍所属の本機種よりも約一年先んじたのだった。使用兵装もまた想定外だった。海軍の伝説に、ベテランのF-14パイロット数名が実戦で機関砲による初撃墜を達成した者のために記念碑を建てようと誓ったという話がある。しかし1980年9月のその午後、ミル25を撃墜したパイロットの名前はついに公表されなかったため、これは実現しそうもない。

その次のトムキャットの「初」は、これよりも入念に計画されたものだった。国境付近の小競り合いがさらに増えた9月13日、IRIAF最高司令部はTFB8基地の第81TFSにAIM-54の実戦使用を許可した。モハンマドレザー・アタイー少佐(のちに中将に進級し、エスファハーン空域司令となる)の操縦するF-14Aが、ここ数日間イラク軍偵察機の動きが特に活発だった地域の哨戒に派遣された。

指定のCAP区域に到着してしばらくすると、アタイーはついに絶好の標的を発見した。撃墜したのはミグ23MSだった。しかしこの区域に長くいすぎたため、燃料の尽きかけた彼はフーゼスターン州南部のオミーディーイェ空軍基地(TFB4)へ緊急着陸を強いられた。理由は現在も不明だが、新政権に「反抗的」とされたパイロットや士官に対する冷酷な仕打ちで悪名を馳せていたTFB8司令アッバス・ババイー少佐は、ジャラール・ザンディー少佐にそのF-14を基地まで引き取ってくるよう命令した。ザンディーはかつてイスラーム法学者に死刑宣告を受けたことがあり、最近釈放されたばかりだった。こうして彼はビーチ・ボナンザ機に乗ってオミーディーイェへ飛び、そのF-14をイラン内陸部の基地へ戻すことになった。しかしザンディーはやはり彼のみぞ知る理由によりこの命令に従わず、再び投獄された。のちに彼は放免されて部隊に戻った。

9月22日のイラク軍のイラン侵攻に先立つ数日前、さらに少数のF-14がゆっくりと稼働状態に復帰した。しかしイラク軍戦闘爆撃機が22日午後にイランの飛行場や基地を攻撃した際、滞空中だった機は皆無だった。そのかわりIRIAFのトムキャットパイロットたちにとっての開戦となったのは、翌日のイラク各地の目標へ攻撃に向かう120機のF-4の一部を支援するKC-707数機をイラク国境まで護衛する任務だった。

スーサンゲルド周辺を哨戒していたアリー・アズィーミー大尉率いるF-14Aの2機編隊は、2機のミグ23に護衛された偵察型のミグ21RFを1機探知した。AIM-54が2発発射され、その1発がミ

臨戦態勢を徐々に整えていたにもかかわらず、1980年9月22日の時点で完全に稼働状態のトムキャットがごく少数だったのは、訓練された人員の不足が主な理由だった。写真は22日午後、イラク軍がメヘラーバード飛行場を初攻撃した直後の撮影で、IRIAFのC-130が1機炎上している。この頃はまだイラン軍のF-14パイロットと地上員の多くは獄中で、死刑囚だった者もいた。イラク軍の脅威が迫ると、イランの宗教指導者たちはこれらの囚人の大半を釈放するしかないと考えるようになり、間もなくこの状況は一変した。(authors' collection)

イラン軍のKC-707から給油を受けるTFB7基地所属のF-14A、3-6068。空中給油能力は哨戒時間を延ばし、戦闘行動半径を広げられるため、イランのトムキャットの活躍にとって重要になった。空中給油により、CAP区域に最大12時間滞空したり、1980年10月29日の「スルターン・テン」作戦のようなイラク深部への作戦が可能になった。イラン領空に侵入したソ連のミグ25迎撃でも、空中給油は高速飛行時間の継続時間延長に役立った。驚くべきことに1979年初めのシャーの失脚後、西側の観測筋は、イラン国内の混乱とアメリカの技術支援団の引き揚げにより、イランのF-14部隊はすべて運用不可能になるだろうと断定した。1980年の秋、IRIAFは昼夜にわたり空中給油訓練をF-14搭乗員に集中実施しながら、フーゼスターン戦線上空でイラク空軍と戦っていた。イランのF-14パイロットは大半がF-4で充分な経験を積んでおり、当然ながら1970年代に空中給油も訓練していたが、1979年の大半を飛べず、1980年のかなりの期間を獄中で過ごしたあとでは、その大部分が再訓練を必要としていた。空中給油だけでなく、IRIAFのトムキャットは戦争末期の数年間、極秘開発された外部燃料タンクでも航続距離を延ばしていたが、それは米海軍が使用していた増槽によく似ていた。
(authors' collection)

グ21を破壊した。その直後、アズィーミーのトムキャットのレーダーが故障したため、2発目のミサイルがどうなったのかは現在も不明である。

24日にF-14搭乗員たちは多数の空戦に参加し、イラク軍のミグ21、ミグ23、スホーイ20/22を計6機撃墜したと申告した。うち3機はイーラーム地区で破壊され、1機はナーハジール・レーダー基地の付近へ墜落し、5機目はサーレハーバード地区に、6機目はマレクシャヒー付近に落ちた。翌朝、トムキャットは損傷した2機のファントムIIがイラク領空を脱出するのを援護するためバグダードへ向かい、2機のミグ23と1機のミグ21をイラク首都付近で撃墜した。

これらの緒戦に参加したジャヴァード大尉はこう語った。

「前線上空を飛んだイラン軍パイロットは、誰もが戦争が進行中なのを実感しました。東へ驀進するイラク陸軍の大集団を止めるものは、地上にほとんどありませんでした。しかし間もなく彼らがイラン陸軍が行く手を阻んで戦うのを知るのと同じように、イラク空軍はIRIAFとの戦いも目前なのを知ることになりました。私たち空軍はイラク軍戦闘機を国境で迎え撃ち、地上のイラク軍を爆撃し、敵空域の奥深くへ空襲を仕掛けました」

「9月24日の1300時に第81TFSのF-14Aが6機、武装を搭載し、ハータミー空軍基地で発進準備を整えました。IRIAF最高司令部はそのうち4機にKC-707と合流し、イラン北部を哨戒するよう命じました。目的はイラク空軍爆撃機のメヘラーバード再攻撃の阻止です。私は残りの2機のトムキャットのうち1機で南部国境を哨戒することになりました。その作戦では戦闘に使えるAIM-54がありませんでしたが、どのみち練度の高い搭乗員は2、3人しかいなかったので、大した問題ではありませんでした。そのあと、同日中に2機のF-14Aがフェニックスを搭載して出撃し、ミグ21を1機撃墜し、4機のミグ23を撃墜寸前まで追い込みました」

「離陸したところ、イランへ侵入してくるイラク機に関する無線報告を多数受信しました。しかし私たちは1機も探知できませんでした。実は友軍が見ていたのはナパーム弾でイラク兵を爆撃していた味方のTFB4基地の第41、42、43TFSのF-5と、第31、32、33TFSのF-4だったんです。幻のイラク軍を追ってあまりにも多くの燃料を無駄にしてしまったので、私は受信していた無線報告を無視するよう命じました。作戦のその時点から私たちは自機のAWG-9からの情報だけを信じるようになりました」。

「ヴァハダティーの西方18kmのCAP区域に到着してから約40分後、僚機から『南東23kmに敵機複数を探知、接近中』とコールがありました。自機のAWG-9と『コンバットツリー』装置を使用して、私たちはスホーイ22が4機、ミグ21が4機、射程内にすっかり入っていると判断しました。高度を6,000mまで落とし、12kmまで接近して、ロックオンしました。各機がAIM-7Eを1発ずつ発射し、私の撃ったスパローはイラクのミグ21に正面から

不鮮明だが、この珍しい写真はIRIAFの第71TFS所属のF-4EがTISEO（戦術電子光学識別システム）望遠カメラシステムで撮影した、イラク空軍ミグ23から距離数mでAIM-54の弾頭が爆発した瞬間をとらえたものである。このミサイルを1980年9月25日に発射したのは第72TFSのS・ナグディー少佐だった。その時彼のF-14Aは高度6,000mを飛行中で、急速に接近してきた激しく機動するミグへ距離ちょうど8,000mからフェニックスを発射した。この同じ戦闘でファントムIIの1機が2機目のミグ23を距離5,000mからスパロー1発を発射して撃墜している。ミグは両機ともバンダレホメイニーの真西に墜落した。(authors' collection)

命中しました。回避運動はありませんでした。そのパイロットが攻撃に気づいてなかったのは明らかでした。僚機のミサイルが追尾に失敗したので、私はついて来いと彼に命令し、高速で西へ旋回中だったイラク編隊の残りと戦うため高度を下げました。私のRIOはイラク軍機が逃げていきますと大喜びで伝えてきました。『俺たちの勇名はずいぶん轟いているようだな』と言ってやりました。しかし一秒もしないうちに、2機のミグ21がこちらへ引き返して来ました。このイラク人パイロットは臆病者ではありませんでした」

「私はAIM-9ミサイルを発射するためスイッチを『HEAT』に入れ、左横転して敵の後ろ上方に占位しようとしました。イラク機はそうはさせまいとしました。彼らは上昇を開始し、私たちを視界に捉えつづけようと急横転し、こちらの後方へ出ました。しかし彼らはもう助からないと思いました。2機のトムキャットは今や最大出力でした。こちらの得意な高AOA機動でF-14Aの機首を最後尾のミグ21に向けると、良いトーンが聞こえてきました。私たちの高度は4,500mを切り、降下がつづいていました。サイドワインダーを1発撃ったところ、僚機が無線で『エンジンストール！』と叫んできました」

「私のサイドワインダーはそのミグに命中しましたが、喜びもつかの間、今度は僚機のことがとにかく心配です。低高度、高AOAでエンジン出力を失ったF-14の方向安定性は良くありません。サイドワインダーを別のミグに発射する直前だった僚機は、今や自分のトムキャットを飛ばしつづけるのに持てる技術のすべてを振り絞っていました。さらに悪いことに、もう1機のミグを私たちは見失ってしまいました。敵機をもう一度発見しないことには、私には何もできません。一年にも感じられた時間が経ってから、実際には数秒だったのですが、私たちはレーダーで敵機が引き揚げていくのを探知しました。たぶん燃料が心細くなったのでしょう」

「僚機の右エンジンがストールした時、彼は高度3,000mを最大ドライ出力で飛行中で、速度はほぼ520ノット、機首AOAは45度でした。パイロットには機体と自分の命を救うのに10秒しかないことがわかっていたはずで、それはRIOもでしょう。彼は後日言いました。『あなたが最後尾のミグにミサイルを撃った時、私は速度を上げて先頭のミグへ接近しようとしていました。ヘッドセットにAIM-9のトーンが鳴っていたので、エンジンストール警告音が聞こえなかったんです。HUD横の警告灯は確かに見えましたが、遅すぎました。文字どおり息を呑んだ私は、直後にストールしたエンジンを切り、操縦桿をいっぱいに引きつづけました』」

「『F-14はAOAが70から75度まで上がり、右への回転角速度は毎秒44から46度に増大し、対気速度は82ノットにまで落ちました。引き起こしを始めると、機体はしっかり反応し、10秒後に片発で水平飛行になりましたが、私の心臓は1秒間に1万回鼓動してました。なのにRIOはまるで何事もなかったように空を走査していました！』」

「飛行後の検査で片方のエンジンの中段圧縮バイパスバルブが閉じたままになっていたのが見つかりました。上昇中に閉まっていたのです。通常このバルブは高AOA時に開いてエンジンストールまでの余裕をかせぐのですが、エンジン推力が最大14%低下します。しかし今回これが故障したのです。今回の作戦は幸運で、搭乗員はふたりとも助かりました。彼らはさらに出撃を重ね、イランの空ではイラク軍の自由にさせない、代償は高くつくぞということを知らしめました」

直接介入
DIRECT INVOLVEMENT

10月の全期間、F-14部隊はイラク軍戦闘機と空戦を繰り広げ、少なくとも25機の確実撃墜を記録したが、その大半はミグ23BNだった。しかしほかの機種と遭遇することもあったとヌズラーン少佐は語っている。

「1980年10月になるとイラン・イラク戦争は激しさを増し、収まる気配はありませんでした。私たちは命令されていました。イラン軍はイラクを敗北させ、その指導者たちを打倒するか、さもなければ革命の殉教者となるべしと。IRIAFは今や全面戦闘態勢にあり、イラン領土からイラク陸軍を撃退するために全力を振り絞ろうとしていました。ただし味方の戦力は薄く分散していました」

「IRIAFのF-4部隊に下された将軍命令は、ペルシャ湾にあるイラクの石油ターミナルをすべて破壊し、ホルムズ海峡の制海権を海軍と協同して獲得せよというものでした。同時にF-4とF-5の部隊にはイラン奥深くへ侵入していたイラク軍の二大勢力を阻止せよという命令も下されましたが、ファントムIIは主にバグダード周辺地区にあった戦略目標の攻撃もしなければなりませんでした。トムキャット部隊にも命令が下されました」

「ホッラムシャフル南部の港がイラク軍に包囲され、占領されました。アバダーンは包囲され、連日のイラク空軍の爆撃で守備隊が大勢死んでいました。そこで10月19日にバニーサドル大統領は、ほかのIRIAF部隊をイラクとの戦術航空戦から引き抜けるようになるまで、第81TFSのトムキャットにアバダーン防衛戦に直接介入せよと命じたのです」

「第81TFSは本来の戦力には遠く及びませんでしたが、専用の給油機から支援を受けられることになりました。私たちは計算し、活動できなくなる前に3、4日はアバダーン上空で本格的な作戦をつづけられると踏みました。10月20日0600時に私たちはアバダーン上空のCAP哨戒を開始し、F-14を2機、常時滞空させました。0920時頃、TFB8基地の作戦副司令、モハマドハシェム・アレアガ大尉率いる2機のトムキャットがアバダーンの北方約34kmから接近する最初のイラク軍機2機を探知しました。F-14編隊は迎撃のため旋回しました」

「南から接近したところ、それがミグ21の2機編隊2個だったのがはっきりしました。アレアガは僚機に南の2機編隊をやるよう命じ、彼自身は北の編隊へ向かいました。距離12kmからアレアガは最初のAIM-7を発射しましたが、これは当たらずに落下しました。それから彼のRIOはもう1発のスパローをロックオンし、パイロットが発射しました。このミサイルはイラク軍のミグ21の先導機にまっすぐ飛翔し、直撃で破壊しました。一方彼の僚機は誘導データリンクが故障し、発射した2発のスパローが誘導を失って空の彼方に消えるのを眺めるしかありませんでした。それでもミグ部隊には十分だったようで、アバダーンから引き返していきました」

「イラク軍は二日後にまたやって来ました。今度はミグ23の2機編隊1個が2機のF-14に迎撃され、1機が至近距離から発射されたAIM-9で撃墜されました。25日には4機のスホーイ22がトムキャット隊に迎撃され、1機がサイドワインダーで撃墜され、もう1機がスパローで撃破されました。その次の戦闘は10月26日でした。急激な機動後、イラク軍のミグ21が1機、AIM-9Pで撃墜されましたが、発射したトムキャットもその破片に突っ込んで損傷しました。こうして第81TFSは搭乗員を少し休ませ、飛行機を急いで整備するため、戦闘を休止しなければならなくなりました」

アッバス・ハズィーン少佐は初期のIRIAFのF-14部隊の英雄のひとりであり、1980年10月26日にアフワーズ北東のシャヒードアサーイェ上空で、カラートサーリフ空軍基地から発進した2機のイラク軍ミグ21と遭遇した。その日のRIOはホスロウ・アクバリー大尉（IRIAF屈指のF-4パイロット／機上兵装管制士官だったが、1981年2月4日に戦死）で、ハズィーンはサイドワインダー 1発を至近距離から発射し、敵機が爆発炎上するのを目撃した。あまりにも近距離だったため破片を回避できず、ハズィーンは自機の左翼に大きな破片が多数当たり、機体が振動するのを感じた。主翼ショルダーパイロンに装備されていたAIM-7とAIM-9は両方ともちぎれ飛び、さらに左エンジンにもミグの破片が吸い込まれた。爆発の黒煙でF-14も機体が煤まみれになった。ハズィーンは損傷した機を懸命に飛ばしつづけ、どうにかトムキャットを約400kmにわたってなだめすかし、ハータミー基地に無事着陸した。彼はこの日の功績によりファトゥフ勲章を授与された。アッバス・ハズィーンは中将にまで進級したが、エスファハーンの「シャーヒッド・ババイー」空域司令だった2000年11月29日に心臓麻痺で亡くなった。
(authors' collection)

スルターン攻撃作戦
THE SULTAN STRIKE

だがIRIAFのF-14部隊に休息する暇はなかった。さらに多くのパイロットと地上員が釈放されたため、稼働状態のトムキャットも増加していき、より多くのソーティが実施されるようになった。10月末、イラク軍はホッラムシャフルを陥落させると、新たな攻勢を開始した。イラク軍の大部隊が混乱したイラン陸軍と革命防衛隊を蹂躙するのは必至と見られた。

しかしイラン軍はすでに防衛態勢を強化しており、予想外の激しい抵抗にイラク軍の融通性を欠く戦術は通用しなかった。IRIAFの迎撃機も戦場で航空優勢を確立し、地上部隊を支援するイラク空軍と砲兵隊に損害を強いていた。アリー少佐とジャヴァード大尉はこう語った。

「前線で航空優勢を確立後、釈放された『シャーのパイロット』で補強されたIRIAFは、戦場航空阻止(BAI)と近接航空支援(CAS)ソーティを増加させるチャンスを得ました。またIRIAFの援護とIRIAA（イラン陸軍航空隊）の支援により、陸軍は地上部隊を前線に進出させられるようになりました。これが最終的にイラクの開戦時の数的優位を逆転させることになったのです」

「しかしこれに対し、イラク政権は残存するイラク空軍にイランの諸都市を攻撃するよう命令し、罪のない民間人を殺戮しました。また彼らはSS-1B/Cスカッドやルナ／フロッグ7弾道ミサイルをイランの都市部に発射し始めました。これらの攻撃はあまりにも激しく、もっと多くの獄中パイロットを釈放せよというバニーサドル大統領の決定をアーヤトッラー・ホメイニーですら許可せざるをえなくなるほどでした。間もなくホメイニーはIRIAFにイラク領内奥深くへの攻撃を増やすよう命じ、さらには目標を彼自身が指定することもありました。われわれには戦術弾道ミサイルはありませんでしたが、アメリカ製のファントムIIとトムキャットがあり、両者は重要目標の攻撃精度ではイラク軍の保有するどんな兵器よりもはるかに優れていました」

「1980年10月中旬にTFB1の指揮官たちは非常に信頼性の高い情報を入手しました。それはイラク北部モースル近郊のアルフリヤー空軍基地に47人のフランス空軍技術者が配属され、ミラージュF1C戦闘機数機が配備されたというものでした。彼らが来たのは1977年に発注され、当時フランス国内で引き渡し準備が整ったミラージュF1EQへのイラク人パイロットの転換訓練を支援するためでした」

「もちろん私たちはイラク軍がこの飛行機の訓練をするのをやめさせたかったですし、またフランス人を戦争に『ご招待』したいとも考えていました。こうしてIRIAF初のイラク領内長距離進攻作戦『スルターン・テン作戦』が立案されました。F-14に護衛されたF-4の中規模部隊が300km以上を飛んでイラク北部に進入するという、この作戦の陰の立役者がJ・アフシャー大佐とH・ショーギー少佐でした」

「計画では第32および第33TFS所属の計6機のF-4E各機にMk.82爆弾を12発搭載し、東からではなく北から接近してモースルを攻撃するとブリーフィングでアフシャー大佐に告げられました。こうすると味方の全機がモースルの東と南に位置する既知のイラク軍SA-2、SA-3、SA-6地対空ミサイル陣地16ヶ所のうち12ヶ所を迂回でき、さらに同市東方を時々哨戒しているのが判っていたイラク軍ミグ21のCAP哨戒の2班もやり過ごせたのです。しかし味方の爆装したファントムIIは重く、帰還するには空中給油が必要だったため、TFB1所属のIRIAF給油機を2機、イラク領奥深くまで随伴させることになりました。それを第81TFSのF-14Aが2機で護衛するのです。この作戦はわれわれのKC-707とF-14Aがイラク領空への進入を公式に許可された戦争中数少ない事例の一つでした」

「イラク軍とそのフランス人のお友達にとってこの攻撃が奇襲になるのを確実にするため、スルターン編隊の攻撃機と給油機はトルコを通ってイラク領空に進入することになりました。私たちがトルコの領空を利用したのは、これが最後ではありませんでした」

「アフシャー大佐は今回の作戦では『基本』を忘れるなと言いました。F-4のパイロットはお互いを目視で確認しつづけ、イラク軍の標的を視認したら爆撃せよと。それから護衛のトムキャットパイロットにこう告げました。『この作戦で諸君の戦闘機は給油機から離れてはならない。もし給油機が両方ともやられれば、全員が終わりだ』と」

「アフシャーは作戦を給油機の1機(『スルターン9』)から指揮し、彼が解散前に下した最後の命令は『この作戦を口外するな、それから無線は使うな』でした。3機の給油機（予備1機)、8機のファントムII（予備2機)、3機のF-14A（予備1機）がタブリーズ近郊のTFB2基地を離陸したのは10月29日の夜明け直前でした。私たちはザグロス山脈を利用してイラクの早期警戒レーダーから身を隠しながら、オルーミーイェ湖の南で合流しました。イラン領内の奥深くまで探れるイラクのレーダーは多かったからです。トルコ領内に入る直前、追加（3番機）の給油機がスルターン攻撃隊の全戦闘機を満タンにすると、予備のF-4EとF-14Aに護衛されて帰っていきました。私たちは無線封鎖を維持し、作戦中はそれからもほとんどそうしました」

「編隊は北進すると、トルコへ入るのにユーク峠を利用して姿を隠しました。トルコ軍は少なくとも一度私たちをレーダーで探知しましたが、無視することを選びました。トルコ領空を出ると、私たちはシンジャール山脈のアマディ峠を利用して探知されることなくイラクに入りました。全機が再び給油を受けると、ファントムII部隊は目標へと高度を下げながら、イラクのドホーク県アクレ郡の町々のあいだを進みました」

「2機の給油機はドホーク平野の上空を低高度で大量の燃料を消費しながら周回飛行しつづけました。それを見守る2機のF-14AはファントムII部隊を待つあいだ、交互に強力なAWG-9レーダーによる索敵と再給油を繰り返しました」

「攻撃隊の指揮官はH・ショーギー少佐(『スルターン1』)でした。勇敢な指揮官であり、腕利きの攻撃機パイロットだった彼は目標に難なく接近しました。命中弾は多数で、アルフリヤー空軍基地は火災と黒煙で大混乱に陥りました。今回、運はわれわれに味方したと、心から思いました。しかしそれからトムキャット隊はイラク軍迎撃機とおぼしき4機を給油機のわずか70km南方に探知し、それが給油機とファントムII部隊のあいだの空域に向かって来るのに気づきました」

「『コンバットツリー』装置と後方警戒レーダーでトムキャットの搭乗員たちは敵が4機のミグ23だと識別しました。おそらくカイヤラーフ西空軍基地のミグ23MFで、イラク軍がその基地の一線部隊にこの機種と16機のミグ21を配備していたことは判っていました。報告を受けるとアフシャー大佐は素早く計算し、あと10分から15分でミグは燃料不足になり、基地に引き返すはずだと判断しました。事実そのとおりになりましたが、敵機はやはり

イラン軍のトムキャットはグラマン「鉄工所」製ならではの堅牢性を何度も実証した。左と下の2枚の写真はエンジンベイの爆発で損傷したF-14のものである。KC-707給油機からの空中給油中、本機の搭乗員は右エンジン室から大きな爆発音を聞き、直ちに給油を中止した。それから破損したエンジンを停止し、基地へ帰還した。着陸時には火災が発生しており、右エンジン後方から炎が10～15mほど噴出し、機体尾部を包みこんだ。エンジンの爆発により右エンジンのインテイク、ブリードドア、可変ランプが大破し、エンジン前面への空気流入路を遮断していた。それでもパイロットは緊急着陸を無事成功させた。(authors' collection)

燃料不足で給油機へ急いでいた友軍のファントムII部隊と鉢合わせすることになりました」

「通常の状況ならば、友軍のファントムIIパイロットにとってミグは手ごわい相手ではありません。しかしこの作戦では燃料が命であり、F-4の搭乗員が妨害を受けず、回り道をせずに給油機にたどり着けるかどうかは、空対空ミサイルを装備していなかったので生死の問題でした。アフシャー大佐は素早く行動しました。彼はK・セジー大尉の操縦するF-14A『スルターン7』とその僚機（M・タイベ大尉の『スルターン8』）に『ミグ23を迎撃し、敵機がファントムII部隊に遭遇する前に撃墜せよ』と命じました」

「一刻の猶予もありませんでした。トムキャットは直ちに編隊を組むと南へ旋回し、4,500mまで上昇しました。セジーとタイベはシステムを確認し、イラク軍機は自分たちを探知していないと結論すると、6,000mまで上昇しつづけました。この高度まで来れば、攻撃の選択肢はいろいろあります。スルターン隊のファントムIIの帰り道を確保するにはこれが唯一の方法であり、6機の燃料を尽きさせて、搭乗員をイラク領内で脱出させるわけには絶対いきませんでした」

「2機のF-14は戦闘分散編隊を組みました。これは融通性の高い相互支援型の編隊で、アメリカ海軍が編み出したものでしたが、私たちが普段F-4飛行隊で使っているものよりずっと良く機能しました。これは迎撃でも交戦時の空戦段階でも、高い行動自由度をもたらすのです。どちらのトムキャットであろうと、先にレーダーまたは目視で接敵した方が戦術指揮権を得て編隊を迎撃に当たらせますが、必要ならばいつでもリーダー役をもう1機のF-14に譲れるのです。こうした戦術はイラン軍のF-4やF-5の部隊では決して使われませんでした。あちらでは飛行隊長がリーダーの役割に留まりつづけ、すべての命令を下します」

「『スルターン7』の搭載兵装はAIM-54Aが2発、AIM-7が3発、AIM-9が2発で、『スルターン8』はAIM-7を6発、AIM-9を2発搭載していました。ですから2機のトムキャットには4機のミグよりも長射程の兵器と長い戦闘継続時間がありました。成功のカギは自分たちの存在を知られるのをできるだけ遅らせること、つまりスルターン部隊のファントムIIが再給油を終え、イラン軍攻撃隊が全機イラク領空を無事抜け出すまで、イラク空軍に迎撃機をこれ以上絶対に緊急発進させないことでした」

「高度6,500mまで上昇すると、セジー大尉のRIOは素早く後席用の全兵装チェックリストを確かめ、戦闘準備を整えました。RIOの左コンソールには全武装（サイドワインダーと機関砲を除く）、センサー制御装置、キーボード、通信用パネルが配置されています。電子妨害戦闘用機器、航法用ディスプレイ、IFF判別装置などは右側です」

「RIOはAWG-9を走査間追尾（TWS）モードに切り替え、4機のミグ全機とのコンタクトを維持しながらレーダーで空を走査し、各目標の最新判明位置をコンピューターに蓄積していきました。それからコンピューターがその未来位置を推定します。イラク軍ミグの進行方向、速度、高度、それから発射可能領域優先度のすべてをトムキャットの兵装システムが算出します。不利な点はただひとつ、TWSモードが有効なのはAIM-54ミサイルの使用時だけで、それはたった2発しかなく、『スルターン7』だけにしか装備されてなかったことでした」

「イラク軍戦闘機から距離約56kmでセジー機のAWG-9任務統制コンピューターが敵の追尾ファイルを確立しました。ミグは前後2個のペアからなる分散編隊で飛行していました。先行ペアが最初の目標です。セジーは2機のトムキャットのノイズジャマーをオンにするよう命じましたが、彼のECMシステムは起動直後に

どこか埃っぽいイラン空軍F-14Aのコクピット前席。1980年撮影。この当時、IRIAFトムキャットと米海軍の通常型F-14の前後コクピットにほとんど差異はなかったが、例外は後者に急遽取り付けられたイラン軍F-14が装備する西側製システムに対抗するための複雑な航空電子機器だった。
(authors' collection)

故障してしまいました。タイベのトムキャットのものが両機をカバーすることになりました」

「距離33kmでセジーはRIOに『点火よし』と許可をあたえました。これはAIM-54と彼が準備完了ということです！　最初のAIM-54が発射され、高度9,000mを巡航していたイラク軍ミグへ向かって上昇していきました。約8秒後、2発目のフェニックスがつづきました」

「ミグのパイロットたちはまるで普段の訓練飛行のように直線飛行をつづけていました。彼らが接近するトムキャットにまだ全然気づいてないのは明らかでした。イラクが入手していたミグが原始的なレーダーと後方警戒レーダーしか装備していないことは判っていました。2機のF-14の搭乗員たちがAIM-54の進路を追尾していたところ、『スルターン9』からの無線を受信し、イラク軍ミグはアルフリヤー空軍基地が攻撃されたのを知らされ、イラン軍F-4を迎撃するため西へ変針するよう命令されたと告げられました。イラク軍ミグは旋回しようとしていましたが、まだでした！　ついていたことにイラク軍には命令に従う時間がありませんでした」

「最初のAIM-54が先頭のミグ23に命中し、一瞬で破壊しました。セジー機のRIOが思わず叫びました。『イラク野郎をやった！』。しかし2発目のフェニックスは外れたらしく、照準されていたミグは命中するはずの時点を過ぎてもコースを維持していました。ところが数秒後、そのミグが明らかにコントロールを失って高速で地表に向かって降下しているのにRIOが気づきました。『スルターン8』が撃墜を確認し、AIM-54の近接信管弾頭の早発か遅発の時差爆発で2機目のミグはやられたのだろうと報告しました。いずれにせよ、この大型弾頭は設計どおりに作動したわけです。これでついにF-14AとAIM-54Aがどれほど優れた兵器かが完全に示されました」

まだ2機のミグ23が残っており、依然として離脱中のファントムII部隊にとって脅威だったため、『スルターン7』と『スルターン8』に喜んでいる暇はなかった。明らかに混乱しているイラク機はまずゆっくりと南へ、それから東へ旋回すると、高度を下げ始めた。彼らには何が自分たちを襲ったのか、それはどこからだったのか、まったく見当がつかなかった。セジーとタイベはレーダーでミグを監視し、さらに撃墜する機会をうかがった。

最初のミグのペアが突如撃墜されたため、残りの2機のパイロットはふたつの重大な戦術的ミスを犯した。第一に彼らは自機の尾部を、彼らが存在を知るよしもない2機のトムキャットの方へ向けてしまった。第二にイラク軍パイロットは高度を下げたことで、敵に高度的優位をあたえてしまった。セジーはアフターバーナーの第5ゾーンを選択して数秒で加速すると、自信が湧いてくるのを感じた。

レーダーをパルス追尾モードに切り替えると、彼とタイベは今やわずか12kmにまで迫ったミグ2機に対してAIM-7E-4による攻撃の準備を開始した。今度はタイベが先導機を務め、セジーは彼の右側上方600mにまで上昇し、イラク軍機が察知されずに接近してきても横転降下して相互支援できる位置についた。AIM-7E-4はヴェトナム戦争で使用されたスパローの大幅改良型だったが、それでも有効に運用するにはパイロットとRIOの絶妙なチームワークが必要だった。

発射からわずか数分後、タイベはセジーにコールした。「聞いてくれ、今こちらのCSD（コンピューター信号データ）警告灯が点灯した！」。F-14の後席に設けられたそれはCSD変換器の故障を示すもので、その機能とはトムキャット全機の各種目標追尾およびミサイル捕捉用の電子装置の相互照合だった。F-14が有効

AIM-54フェニックス装備用のパレットを胴体下面に、パイロンを主翼グローブ部に装備したF-14A、3-6046（BuNo 160344）。イランのF-14がAIM-54を6発積むことは革命の以前も以後もほとんどなかった。パイロットたちはこの武装はドッグファイトには重すぎると考えており、また着陸速度も大幅に上昇した。複数の目標にミサイルを波状発射する戦法に魅力を感じなかったイラン軍では、システムを長持ちさせるためAWG-9レーダーを一度にひとつの目標しか攻撃できないよう改造したという説もある。（Grumman）

に戦闘を行なうにはCSDが正しく機能している必要があり、もし地上で同様の故障が離陸前に発生した場合、その機は出撃中止となった。
CSDの機能回復には5分ほどかかり、それから6～8分でF-14の慣性航法システムが自動調整を終えた。しかし『スルターン7』と『スルターン8』は飛行中で、イラク領に300km進出しており、敵機2機と交戦したばかりだった。CSDがなければ『スルターン8』の自衛用兵器は機関砲のみとなり、よほどの幸運と戦闘機の手厚い援護がなければ帰還は困難だった。
セジーはコールした。
「『7』から『8』へ。こちらはそのまま行く。君は引き揚げて、周回エリアで『9』と『10』を私が戻るまで守ってくれ。いいか、『8』、君の姿勢方位基準装置は方位計と距離計としてだけ使うんだ」
「『8』から『7』へ。了解。健闘を祈る」
と返信すると、『スルターン8』は飛び去った。
セジーは「HEAT」にスイッチを切り替えてサイドワインダーを1発起動させると、RIOに「6時」の方向を見張りつづけるよう命じた。RIOはECMはダウンしましたが、それ以外のシステムはすべて作動中で、警報パネルはクリアですと答えた。それから『スルターン7』のパイロットは再びアフターバーナーを作動させた。
2機のミグは今や3,000mまで降下していたが、低空でF-14Aにかなうイラク空軍機は1機たりとも存在しなかった。トムキャットは急速に接近し、距離1,500mでセジーはミグがAIM-9Pの射程に入った信号音を耳にした。その瞬間、イラク機は突然編隊を解き、指揮官機は右へ、僚機は左へ旋回した。単機のトムキャットはすでに発見されていたのだ。
セジーは指揮官機の後方に旋回するとその後方に喰らいつき、振り切ろうともがくミグとの距離を詰めた。数秒後、ミグは旋回をやめて上昇を開始したが、良好なトーンを聞くと彼は最初のサイドワインダーを至近距離から発射した。一瞬後、AIM-9は目標の尾部に命中し、ミグから黄色い炎が噴き出した。それからミグの主翼付け根付近から破片が飛び散り、機体は地表へ向けて最後の急降下を開始した。ミグの最期に心を奪われていたセジーはいきなりRIOに現実へ引き戻された。
「大尉、『6時』にミグあり、高速接近中！　燃料警告、あと2分です！」
速度約520ノット、残り少ない燃料でイラク軍ミグ23に後ろをとられたセジーは、アメリカ人が「回避旋回」と呼ぶ機動を行なった。彼は操縦桿をいっぱいに引くと、ラダーを最大限に踏みこみ、大きな方向転換率と横転率でトムキャットの機体を高迎え角にして凧のように立て、速度を落とそうとした。操縦桿を一番後ろまで倒したまま、フルラダーで急旋回すると、高速シザーズ機動により巨大なG荷重が発生し、トムキャットの速度は数秒で150ノットまで落ちた。機首は垂直にまで上がったが、ミグ23が高速で追い越していくと、同機へ向けられた。
アフターバーナーを作動させながらイラク機の後方に接近すると、セジーに最後のサイドワインダーから良好なトーンが聞こえてきた。ミサイルはミグの尾部下面に命中し、機体は横転すると炎と煙を曳きながら背面飛行に入った。数秒後、イラク軍パイロットが落ちていく機体から脱出した。
セジーにトムキャットの燃料状況を刻々と報告していたRIOがコールした。
「大尉、もうアフターバーナーを切って給油機に向かってください。すぐに！　もう燃料がほとんどありません！」
今日、給油機を救ったのは二度目かもしれんなと答えながら、セジーは『スルターン7』を旋回させ、給油機へと向かった。以下は彼の回想である。
「私はRIOにミグをよく見張るように言いましたが、それは燃料状況から彼の気をそらせるためでした。もし彼に燃料状況のことを尋ねたら、もう給油機まで戻る燃料がありませんと言ったはずです。おそらくそのとおりだったのでしょう。私は『スルターン9』にコンタクトし、こちらの状況を知らせると、ファントムIIは全機無事戻り、攻撃隊全体が現在帰投中だと教えられました。無線で確認したところ、嬉しいことに給油機隊はこちらから20kmしか離れていない尾根の向こうに隠れていることがわかりました。F-4の『スルターン1』と『スルターン3』が私たちをイランに帰還させるために差し向けられた給油機の1機を護衛していました。燃料は命です」
モースルを攻撃したF-4もミグ21を2機、ミル8ヘリコプターを3機地上撃破していた。この空襲でフランス人技術者少なくとも1名が死亡し、1名が負傷した。直ちにフランス人スタッフ全員に帰国命令が出た。セジーが撃墜した4機のミグ23のうち、3機のパイロットも戦死していた。うち1名は開戦初日にIRIAFのF-5Eを2機撃墜したといわれるアフメド・サバーフ大尉であることが確認された。

F-14の武装

対航空機をメインとした迎撃、イラク国内への侵攻を経験したイランのF-14。その武装は米国製の兵器をメインとしたもので、空対空戦闘というF-14本来の目的に合致していた。ここで本書にも随所に登場する3種類のミサイルについて簡単に解説しておこう。
本書において何度も登場するAIM-54フェニックスはF-14の搭載するレーダーであるAWG-9とセットで運用される兵器で、全長4.01m、重量は462kgという巨大かつ重いミサイルである。1965年に試作型のテストを開始。完成型の量産が始まったのは1973年のことだった。AIM-54は複数の誘導方式を組み合わせたミサイルで、まずAWG-9からインプットされたデータによって慣性航法で飛翔する。中間段階では母機のF-14から照射されたレーダー波の反射によって誘導されるセミアクティブレーダーホーミングとなり、目標まで17kmの距離まで近づくと自らパルスドップラーレーダー波を照射して目標を追尾するアクティブレーダーホーミングとなる。本来は米軍の空母に向かって飛来するソ連軍の大型爆撃機を遠距離で攻撃するための兵器なので射程は210km程度と桁外れに長く、サイズ、性能共にF-14を象徴するスペシャルなミサイルとなっている。
中射程（70km程度）の空対空ミサイルとしてイランにおいても運用されていたのがAIM-7スパローである。西側諸国においては長くにわたって主力中射程ミサイルとして使われており、その開発開始は1946年にまで遡る。当初はドイツ軍のジェット機や日本軍の特攻機対策として開発が開始されたが、当時の技術的な限界から命中率は非常に低く、世代を経るごとに改良を重ねることとなった。米海軍がF-14に搭載して運用していたAIM-7はE型、F型、M型の3種だが、E型は1970年代の中頃には退役しているので、実質F/M型がメインとなる。
射程18kmの近距離用空対空ミサイルの代表格がAIM-9サイドワインダーである。開発は1940年代末からと息の長いミサイルだが、いまだにバージョンアップを重ねて運用され続けている。米海軍のF-14ではD型、G型、H型、L型、M型の5種類を搭載している。F-14では機体左右両端の兵装ステーションであるSta.1とSta.8に搭載されることが多く、格闘戦など近距離での戦闘で使われている。

〔文／スケールアヴィエーション編集部〕

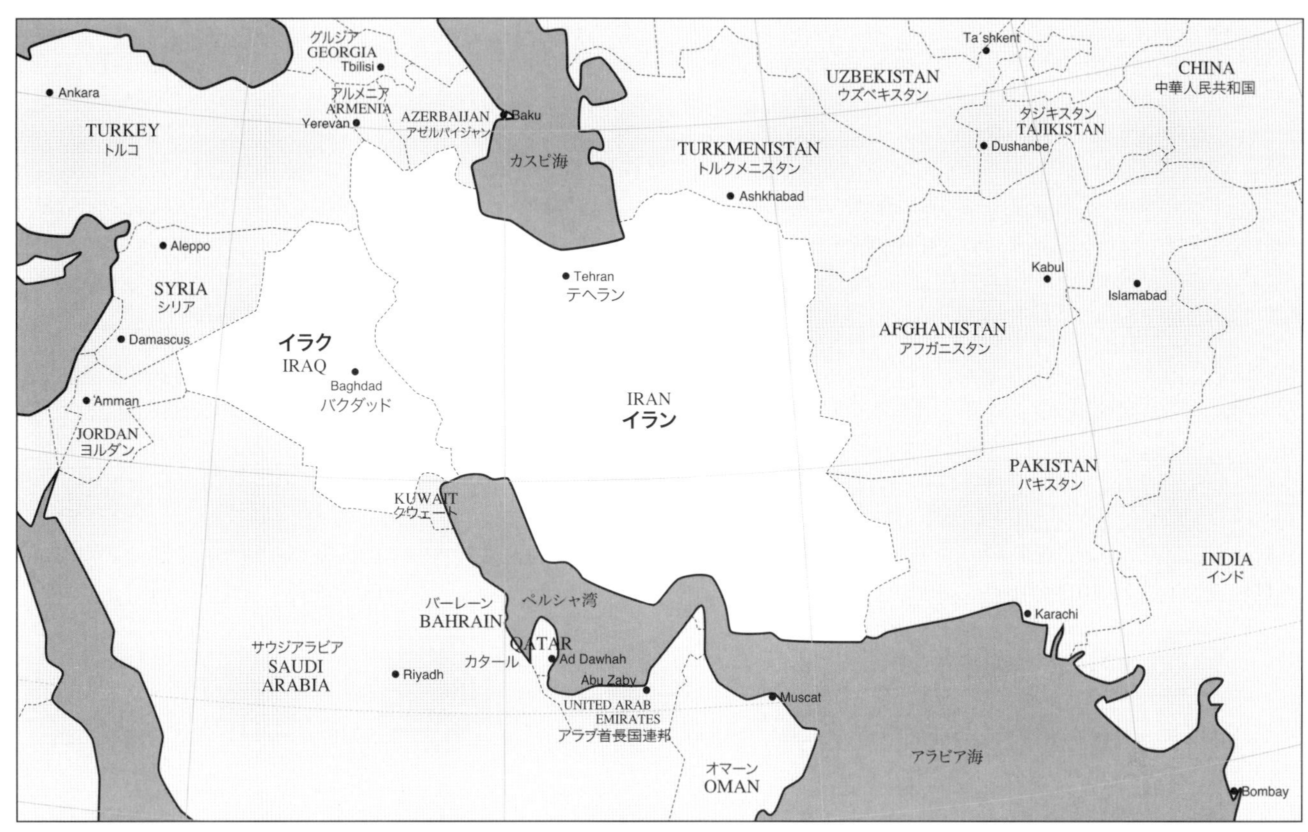

イラン、イラクと周辺各国

図中、左上からカスピ海を挟んで右へ続くグルジア、アルメニア、アゼルバイジャン、トルクメニスタン、ウズベキスタン、タジキスタンが当時のソビエト連邦を構成する国々だ。

1980年11月10日、アバダーン北部でイラン軍地上部隊を攻撃していた4機のイラク軍ミグ23が第82TFSの2機のF-14に迎撃された。ミグの1機は高度300mちょうどでAIM-7により爆砕された。写真は地上に落下していく同機。残りのミグ3機は直ちにイラクへ飛び去った。(authors' collection)

トムキャットの長い爪

TOMCAT'S LONG CLAW

1980年12月1日、第82TFSのトムキャット搭乗員たちはアバダーン付近のただ一度の戦闘でイラク軍戦闘機を3機も撃墜したと申告した。その戦果はさらにつづいた、翌朝、第82TFSのF・デフガーン大尉（第1戦術訓練飛行隊のC-130パイロットでもある）はブーシェフル西方120kmのCAP区域で、ハールク島に加え、石油リグのノウルーズとサイラスも監視していた。しばらく周回飛行をしたところ、地上要撃管制官からデフガーンに北から侵入する複数の敵機あり、距離35kmへ高速接近中との連絡が入った。

時間が切迫していたため、デフガーンのRIOは機敏に働いた。後続するスホーイ20を護衛するため先行していた2機のイラク軍ミグ21をロックオンした時、敵機はわずか20kmにまで迫っていた。これはフェニックスの最小交戦距離に近かったが、この武器を使ってしまわなければ単機のF-14はイラク空軍戦闘機と接近戦を行なうのに身重すぎた。

RIOはPSTT（パルス単目標追尾）モードを選択してロックオンをかけ、胴体下面の兵装の1発を起動させた。それからパイロットがAIM-54Aを短距離戦闘モードで発射し、それによりアクティブシーカー弾頭が発射直後に起動された。ミサイルは機体から離れるとモーターに点火し、目標を捕捉すると真っ直ぐに向かっていった。しばらくのち、ミサイルで破壊されたミグ21の破片が空から落下し、大きな水柱が次々に海面に立ちのぼった。近距離から仲間の最期を目撃した残りの編隊は北へ旋回し、高速で逃げ去った。

12月末にイラン軍トムキャット部隊は再編成された。第72TFSのF-14Aは第73TFSの所属となり、メヘラーバードに移され、同地でこの分遣隊は「第83TFS」として知られるようになったが、公式にその名称の部隊が編成されるのは戦後のことだった。この改編により第72TFSはF-4Dを再び装備したが、同部隊のパイロットの多くはその後も両機種を飛ばしつづけた。

一方、第81および第82TFSの隊員たちは、北ペルシャ湾上空でほぼ常時滞空となるCAPを開始したが、これは同地域のイランの石油施設、港湾、海上輸送路を防衛するためだった。非常に長い航続距離と長射程の兵装システムを備えたトムキャットがブーシェフルからハールク島までを哨戒するようになると、イラク軍機を北ペルシャ湾空域に侵入した直後に攻撃できるようになった。搭乗員たちは目標探知に主に自機のAWG-9システムを使わねばならなかったが、これはイラン軍地上レーダーの能力を戦前にアメリカ人から教えられていたイラク軍が知り尽くしていたためだった。しかもレーダー基地の設備は時代遅れで、部品不足のために信頼性が低かった。

戦争の初期、イラン軍トムキャットの主な敵は各種のミグ21だった。写真のミグ21RF（シリアル21302）はその激しい空戦を生き延びたが、1991年3月にイラク南部のタリール空軍基地で米軍に鹵獲されたのち破壊された。1980年9月にIRIAFのF-14Aに撃墜されたミグ21RFは2機が知られている。（authors' collection）

第3章

一石三鳥

THREE-TO-ONE

1980年11月、悪天候のためイラン、イラク両軍とも作戦のペースが初めて鈍化した。しかし1981年1月までにIRIAFのF-14A部隊は少なくともイラク軍戦闘機33機とヘリコプター1機を撃墜したことが判明している。これらの撃墜のうち、少なくとも5機がフェニックスミサイルによるものだった。

1981年1月7日朝、2機のF-14Aがブーシェフルとハールク島間のCAP区域にいたところ、地上要撃管制官から4機のミグ23BNが密集編隊でアフワーズへ阻止任務に向かっていると警告された。AWG-9の能力を活用してトムキャットは4機すべてをレーダーで明瞭に捕捉し、各機について目標ファイルを確立した。例のごとく先行するF-14がAIM-54Aを1発発射して火蓋を切り、今回は距離が50km以上あったものの、先導機のミグに命中させた。その機は大爆発して木っ端微塵になったが、これは明らかに爆装していたためだった。

両トムキャットの搭乗員はこれに続きミグ23BNの2番機が墜落するのを目撃して驚いたが、これは先導機の破片が当たったせいなのは間違いなく、さらに3番機が錐もみ状態でゆっくりと海へ墜ちていった。IRIAFにはこれに似た事例が1980年11月または12月にもイラク軍ミグ23との戦闘で起こったという噂がある。しかし今回のケースではF-14搭乗員は1発のAIM-54によるミグ撃墜を2機「のみ」申告した。とはいえ、これは1発の空対空ミサイルで3機の敵戦闘機が撃墜されたという、最初かつ現在まで知られている唯一の事例である。幸運にも生き残った4番機は煙を曳きながら北へ退却していくのが目撃された。この機が無事着陸できたか否かは不明である。

1月29日に迎撃されたイラク軍編隊はこれよりわずかに幸運だった。イラン軍地上設置型レーダーが正午に探知したこの編隊は高度わずか30mを飛行中だった。ブーシェフル上空を哨戒中だった第81TFSの2機のF-14Aが直ちに攻撃に向かい、先導機のRIOがロックオンを確立した。IFF判別装置により目標がスホーイ20と確認されると、1発のAIM-54Aが距離54kmから発射された。大型ミサイルは低空飛行中の目標へまっすぐ飛翔すると、1機のスホーイの胴体中央部に命中し、真っぷたつにした。弾頭は起爆しなかったものの、F-14の僚機が巨大な火球が海面へ突っ

1980年10月、さらに1981年1月から4月までの期間、イラン軍トムキャット部隊はイラクのバスラ市からペルシャ湾北端のイランの港町バンダレホメイニーまでの地域で盛んに活動した。その主な任務はアバダーンからホッラムシャフルまでの戦線における第41戦術戦闘航空団（拠点は同地域の北方、ヴァハダティー基地）と第51戦術戦闘航空団（オミーディーイェ基地とマスジェドソレイマーン基地）と第61戦術戦闘航空団（ブーシェフル基地）の支援と、最遠でイラン南部のバンダレアッバースまで物資と増援部隊を輸送する船団の護衛だった。
(authors' collection)

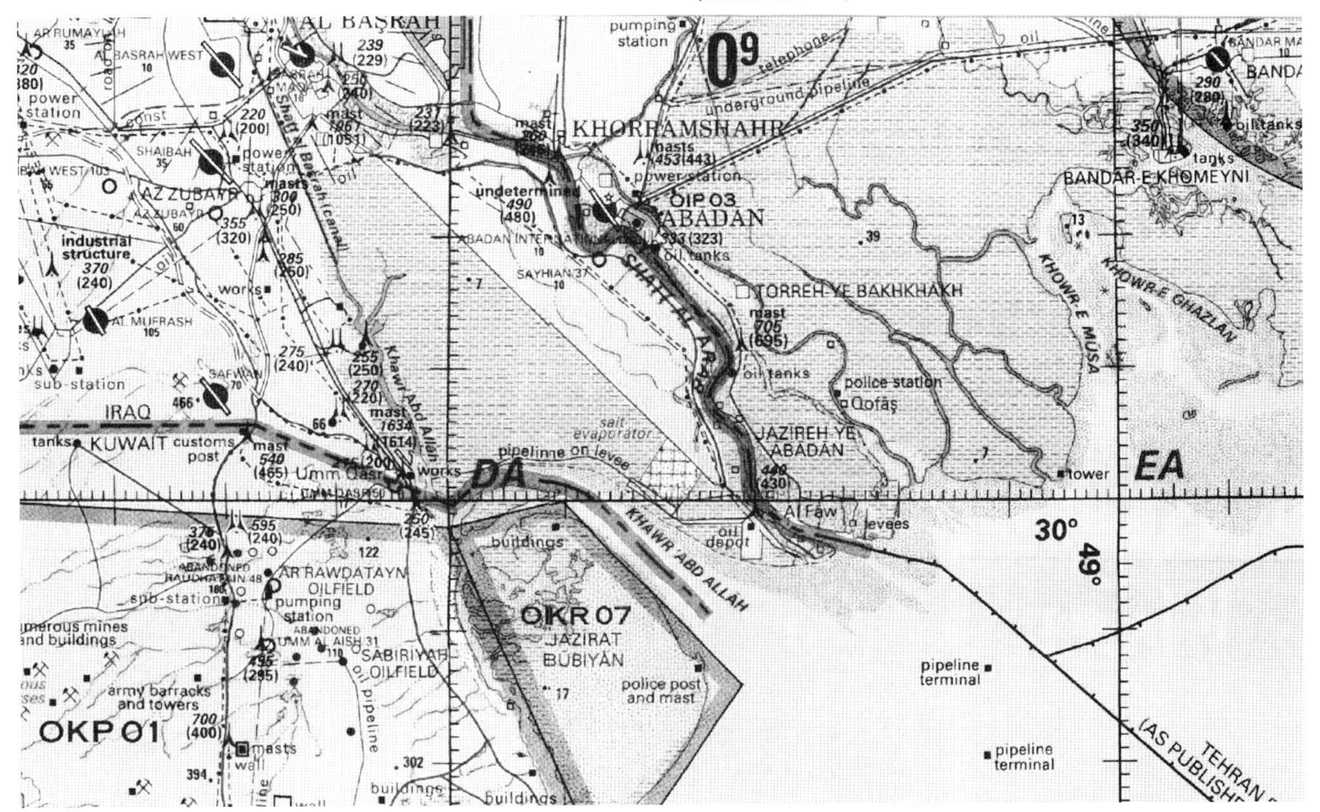

テヘラーン西方でのCAP任務後、メヘラーバードの滑走路へアプローチするF-14A、3-6079で、AIM-54を4発、AIM-7を2発、AIM-9を2発装備している。この搭載兵装は対イラク戦争の初期によく見られたが、戦訓によりAIM-54は2発あれば普通は充分なのが判明すると、このかさばるミサイルを4発積むことはほとんどなくなった。フェニックスを4発搭載すると本機の格闘戦時の俊敏性は鈍くなったが、胴体パレットにAIM-54を2発搭載して旋回戦をする分にはトムキャットの飛行性能に何の悪影響もなかった。(authors' collection)

込むのを目撃したと報告した。それ以外のイラク機は離脱した。

それ以降の冬と1981年の春先にかけて、IRIAFのF-14は活発に作戦をつづけた。大半のソーティはハールク島の重要石油施設の防衛のためで、北ペルシャ湾上空で実施されたが、同島の施設からはイランの石油輸出量の90%以上が送り出されていた。

4月4日に2機のミグ23がこの地域で撃墜された。3週間後の21日、アミール大尉の操縦するF-14が単機でハールク島上空の高度7,000mを哨戒していたところ、RIOが領空侵犯中のミグ23を2機探知した。イラク軍はF-14のCAP哨戒隊のうち1機が給油のため北へ向い、残り1機だけの時にハールク島に接近を試みることが多かった。

高度1,500mを570ノットで飛行していた2機のミグ23は距離ちょうど32kmでF-14に発見された。数秒後、両機は高速で左旋回し、レーダースクリーンから消えた。これはイラク軍機が「ビーミング」機動を実施し、90度の方向転換でF-14のAWG-9のロックを振り切った最初の例だった。

この機動はパルスドップラーモードで作動中のレーダーに対して有効で、イラク軍は1991年に米空軍のF-15との戦闘で使用している。理論的にはAWG-9は追尾ファイルを確立し、目標がどこに再出現するかを予測できた。しかし今回はミグとF-14の距離が近すぎ、プロセッサーの計算が間に合わなかった。1,000mまで降下し、600ノットまで加速しながら、アミール大尉は右へ旋回して追従すると戦闘を開始した。以下は彼の回想である。

「突然、最初のミグを『2時』方向、距離約8kmやや上方に見つけました。私は自分の右後ろを振り返って、その僚機を探しました。なぜなら探していたのは僚機のほうで、指揮官機ではなかったからです。しかし見つからなかったので、指揮官機を追跡することにしました。バーナーを点火すると、急旋回してミグの後方に占位しました。スイッチを『GUN』にしたのは、ミグ23のわずか150m後方という射撃に理想的な位置にいたからです。敵の後方警戒レーダーを騒がせないよう、レーダーは使わずに数連射しました。その距離からだと目標にちょっとでも動かれると照準が台無しになるからです。ミグが爆発しないかと期待しましたが、そのままでした。それから敵は私が後ろに喰いついているのに気づき、左右に滑らかな旋回を始め、高度を下げることで速度を上げて退避しようとしました」

「弾丸が外れたので、レーダーを起動してロックオンしようとしました。その頃には彼我の距離は大体2.5kmぐらいに開いてましたが、こちらは加速中で、間もなく敵機より約180ノット優速になりました。『HEAT』を選択すると、すぐに力強いトーンがサイドワインダーから聞こえてきました。トリガーを押しましたが、ミサイルは発射されませんでした。時間はどんどん無くなっていきます。前方のミグに発射するのにベストの位置にいながら、私の背後のどこかにもう1機がいるはずで、しかもミサイルが発射できません。どうなってるのかと左主翼を見たところ、サイドワインダーが突然レールから飛び出し、イラクのミグへまっすぐ飛んでいきました。故障じゃなかったんです。あまりにも気が急いていたので、トリガーを押してから発射までの1秒間が異常に長く感じられたのです」

「ミサイルが『フロッガー』に命中した時には、もう1機のミグ

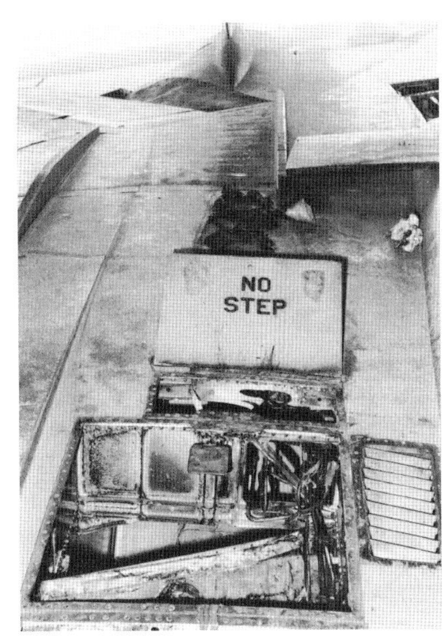

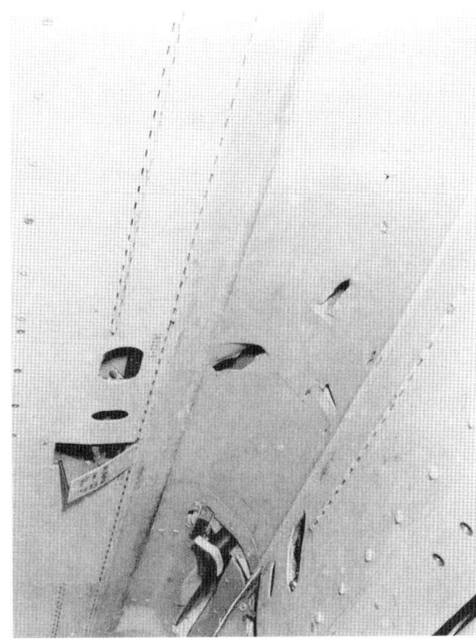

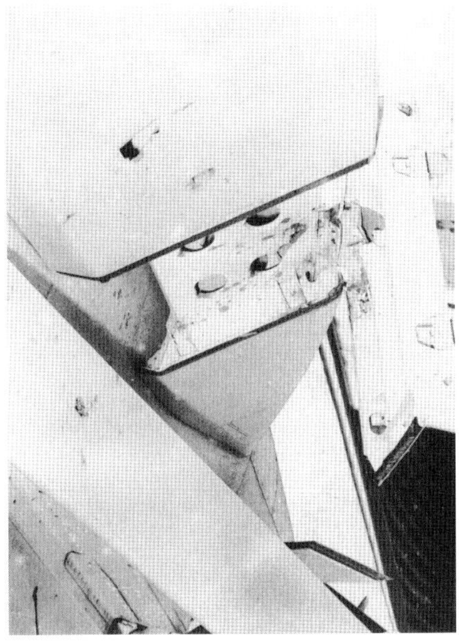

1981年4月21日朝、IRIAFのF-14が1機、ブーシェフル空軍基地を発進し、ハールク島北区域のCAP哨戒に向かった。間もなく低空に密集編隊で飛ぶ敵機が2機探知され、哨戒中のトムキャットは降下して戦闘に入った。しかし2機のイラク軍機はドップラー効果を利用してトムキャットのAWG-9を出し抜いたため、F-14のパイロットは距離わずか8kmで目視に頼るしかなくなった。2機のミグ23を発見すると、彼は直ちに先導機の排気口にAIM-9を1発叩き込んだ。しかしその僚機が熱源追尾ミサイルをF-14に1発発射し、その弾片により同機の左エンジンと胴体が穴だらけにされた。左右のTF30に重大な損傷を受けたもののトムキャットは操縦可能で、無事帰還して修理された。(authors' collection)

を見つけようと右へ高G引き起こしを始めていました。すると軽い振動を感じ、警告灯がいくつも点灯しました。私は急旋回し、機体を2機目のイラク機の後方につけ、再び『GUN』を選択しました。砲は作動しませんでした。そこで『HEAT』に切り替えましたが、これも作動しませんでした。その時のトムキャットの高度は700mで、速度は580ノットでした。対空砲弾がまわりで炸裂しているのに気づいたのはその瞬間です。私が2機目のミグだと思っていたのは、じつは炸裂した対空砲弾の爆煙だったんです。実際には敵機はまだこちらの後方のどこかにいて、すでにミサイルを2発発射していました。RIOは何度も警告していたのですが、敵機だと思い込んでいたもので頭が一杯だった私にはそれが聞こえませんでした。私は兵装をオフにし、攻撃をやめました」

「着陸後、自機の損傷を確認しました。左エンジンのブレードがねじ曲がり、右エンジンも損傷して、胴体は弾片で穴だらけでした。トムキャットの下側で大爆発があったのは一目瞭然でした！」

F-14部隊は1981年の後半も一定の間隔を置きながらイラク空軍機と交戦をつづけ、搭乗員たちは戦闘ソーティを数百回も重ねたが、その多くの作戦飛行は6時間以上継続し、数回の空中給油をともなうものだった。アリー少佐はF-14を戦闘可能状態に維持するための努力について、ざっと説明してくれた。

「戦争中、私たちは60機のF-14を戦闘可能状態に維持しようと努めていました。当初は何とかできていましたが、平均すると戦闘可能状態に保てていたトムキャットは普通40機から45機でした。それは大変でした。最高のメンテナンス施設はメヘラーバー

開戦後間もなく、IRIAFは交換部品のストックが長くはもたず、F-14を戦闘可能状態に維持するのにブラックマーケットはあてにならないことを悟った。そこで交換部品を国内で製造するために多大な努力がはらわれ、いよいよF-14を独力で稼働状態に維持できるようになった。1982年にイラン航空工業(IACI)はIRIAFの「自給自足ジハード」隊やイランの各大学と協力し、さらにアメリカやイスラエルからの秘密支援もあり、タイヤやブレーキディスクなどの交換部品の同等品生産にこぎ着けた。それ以降、製造能力は年々向上した。写真はIACIメヘラーバード工廠で本格的オーバーホールを受ける3-6003号機。(authors' collection)

ドにあり、交換部品と技術者のほとんどがそこでした。当初配属されていたのは将校が11名、下士官が33名だけです。集中配属されたこれらの人員はオーバーホールと補給処レベルの整備のためでしたが、力量不足なのが判明しました」

「少ない人員と飛行機だけしかメヘラーバードにないのでは、大部分がハータミー基地にいる全部隊の整備には足りませんでした。そこで直ちにIRIAFは国内最高の技術者と科学者たちにF-14の整備に協力するよう招集をかけました。これに協力するため元IIAFの整備員も大勢釈放されました」

「交換部品も問題でした。1979年にアメリカ政府は各種の重要部品の輸出を停止してしまいました。高額な代金を払って私たちはほんのわずかな交換部品を第三国の武器商人からイスラエル経由で買いつづけました。こういうやり方が必要だったのは、ホメイニー派の連中に宿敵『シオニスト国家』とはいかなる取引もしていないように見せかけるためでした。しかしイスラエル人は高い値段を吹っかけてきただけでなく、F-14を保有していなかったので私たちが必要としていた部品の多くも供給できませんでした。イスラエルからの技術援助もありました。それは何々装置の修理法説明書という形で、特に電子機器に関連していました。説明書のほとんどはイツハク・ラビンが率いるイスラエル国防軍外務部が書いていました。彼の協力は1983年末で終わりました」

1981年は戦闘で勝利しつづけていたにもかかわらず、トムキャット部隊にも損害をみた。初の確実損失はジャファール・マルダーニ大尉とゴラームホセイン・アブドゥルシャーヒ中尉の搭乗するF-14Aで、同年4月14日にペルシャ湾に墜落、両名は死亡した。その正確な原因はいまだに不明である。マルダーニはイラク軍戦闘機がその地域にいると報告された時、空中給油の最中だったことが判明している。ある資料によれば、彼は給油機から突然離脱し、そのせいで機体が破損して爆発したという。また別の報告によれば、彼は給油機から離脱した際、水平スピンに入ってしまい、回復できなかったという。

IRIAFの資料によれば、彼のトムキャットはブーシェフル地区で「味方の」ホーク地対空ミサイル陣地によって撃墜されたとされている。ホークの要員は自分たちが探知追尾していたのはイラク軍のミグ25だったはずで、米空軍のE-3A空中早期警戒機が彼らをジャミングし、偽のIFF情報をシステムに送り込んだと主張している。米軍が自軍のレーダーや通信に干渉したとイラン軍が主張したのも、IRIAFのF-14がイラン軍の対空陣地に撃墜されたのも、これが最後ではなかった。

1981年4月12日、ジャファール・マルダーニ大尉とゴラームホセイン・アブドゥルシャーヒ中尉の搭乗するF-14がブーシェフル付近で墜落した。両名は死亡したが、その原因については矛盾する報告が存在している。水平スピンが原因とするものがある一方、IRIAFの調査によればMIM-23ホーク地対空ミサイルの誤射が原因とする説もある。写真はF-14の前に立つマルダーニ大尉のありし日の姿。(authors' collection)

ボン!

POP!

1981年末になるとイラン軍トムキャットは新たな敵に遭遇するようになった。それは主にミラージュ F1EQとミグ25だった。IRIAFによるミラージュ F1EQの最初の確実撃墜は1981年12月3日に記録されたが、その機は南部前線のイラン軍陣地を攻撃していた6機のうち1機だった。この戦果は2週間にわたる激しい空対空戦闘中に記録されたもので、この時IRIAFのF-14はミラージュ6機を含むイラク軍戦闘機計16機を撃墜したと申告している。

イラン軍のF-14部隊はいまだに多数の作戦可能機を誇り、イラク軍パイロットにとって大きな脅威であったものの、エンジンの問題をまだ引きずっていた。米海軍も同様の問題に直面し、さまざまなエンジン関連事故で80機ものF-14を失っている。イラン軍のトムキャットパイロットたちは認めたがらないが、熟練搭乗員でもTF30エンジンの事故に見舞われることはあったとヌズラーン少佐は語った。

「ハータミーでは2機のF-14が週1回、夜間警戒任務にスタンバイしていました。この任務はほとんどの時間がすごく退屈だったのですが、それは対イラク戦争でまだ夜間警報が発令されたことがなかったからです。イラク空軍は夜は飛びませんでした。しかしソ連と東ドイツの『軍事顧問団』がこれを変えようとしていました。1982年3月22日の深夜零時直後、味方の地上要撃管制官がイラク軍の『高速機』が単機で国境を侵犯しつつあるのを探知し、警報を発令しました。これはこちらの基地や防空陣地の写真を撮りに来たイラク軍のミグ25RBで、おそらくヤーウィ空軍基地を発進した機でした。レーダーはマッハ2のその機を追尾し、メヘラーバードへ向かう航跡をプロットしました。その機の操縦者は手練れのロシア人か東ドイツ人のパイロットに違いないと私たちは確信しましたが、だからといって撃墜は躊躇しませんでした」

ミラージュF1EQ、4010は1981年にイラク軍に引き渡されたダッソー社製戦闘機の第一陣の1機だった。長期間をかけて導入されたものの、本機種は1981年12月に北ペルシャ湾上空で繰り広げられたIRIAFのトムキャットとの空戦で多数が撃墜された。小型で高速のF1EQは航続時間が長く、強力な兵装を装備できたが、錬度と実戦経験とでイラン軍パイロットが勝り、またミラージュの貧弱な後方警戒レーダーがAIM-54に対して弱点となった結果、F1に期待されていた優越性は失われた。イラン軍パイロットはR550ミサイルを搭載したミグ21や、高高度を飛行するミグ25の方を強敵と見なしていた。
(Dassault via authors)

「警報が発令されると、搭乗員は5～6分間以内に最終チェックを済ませて堅固化航空機掩体からトムキャットを発進さなくてはなりません。それらの機は『各2発（トゥーイーチ）』武装でした。AIM-54、AIM-7、AIM-9を2発ずつ搭載した状態です〔訳註：P.54上写真参照〕。トムキャットは地上でも素直で取り回しやすく、正確にステアリングするのは簡単でした。滑走路に出ると2機のパイロットはアフターバーナーに点火し、出力100％にすると離陸滑走を開始しました。滑走を始めたところ、先行するトムキャットのRIOが『ボン！』という大きな音を耳にしました。地上にいた私たち全員もです。彼の機の左エンジンがストールし、離陸滑走中に推力が左右非対称になりました。非常に危険な事態です」

「パイロットは無線ですぐ後ろにいた僚機に『出撃中止！　出撃中止！』と叫びました。それを聞いた僚機は両方のエンジンを停止し、安全範囲内で可能な限りブレーキをかけました。その首脚柱は地面へ猛烈に押しつけられ、もう少しでトムキャットの機首が滑走路にめり込んで、逆立ちするところでした。もし飛行機が裏返しに転覆すれば、脱出は不可能で、乗ってる人間はぺしゃんこです。あわよく脱出できたとしても、地面にまっすぐ射出されて死ぬだけです」

「僚機に警告すると、先導機のパイロットは自分自身の状況に集中しました。彼のトムキャットは高速で滑走路から外れつつありました。機体は止まらず、前方の滑走路に地上管制アプローチ（GCI）施設が迫ってくるのを見た彼はRIOに脱出を準備するよう命じました。それから彼らはふたりで脱出しました。エンジンストールからわずか数秒後に搭乗員たちは地上に向かって空中を漂っていましたが、約50m離れた場所にそのF-14がGCI設備に衝突して停止していました。負傷者はなく、トムキャットはこの事故で火災を起こさなかったため、修理されて9年後に再び飛べるようになりました」

アリー少佐はF-14を苦しめたエンジントラブルと、この問題へのIRIAFの対処法について語ってくれた。

「私たちのトムキャットは全機が地上基地だけで運用されていましたが、離陸はいつもフルアフターバーナーでしました。アフターバーナーが『ボン』して起きるストールはそんなに多くはなく、アフターバーナー使用で離陸してもTF30-PW-414の元々悪いストール特性はそれ以上悪くなりませんでしたし、悪くできませんでした。離陸時のストールでボンとかドーンという音がするのは、点火の遅れでアフターバーナー内にたまった燃料のせいです。TF30エンジンのアフターバーナー排気ノズルは、アフターバーナーが点火するまで完全に閉じられています。燃料点火が少しでも遅れると、バックファイアというか、高圧の吹き戻しが一気にTF30のファンダクトを逆流します。これがエンジンのコンプレッサーファンを、さらにエンジン全体をストールさせるのです」

「1983年になってやっと私たちはアメリカ人から学びました。彼らはわれわれの作戦を常時監視していて、こちらの問題をほぼひとつ残らず知っていました。アフターバーナーを点火する直前にバーナーの排気ノズルを前もって少し開いておくと、『ボン・ストール』はほとんど防げるようになりました」

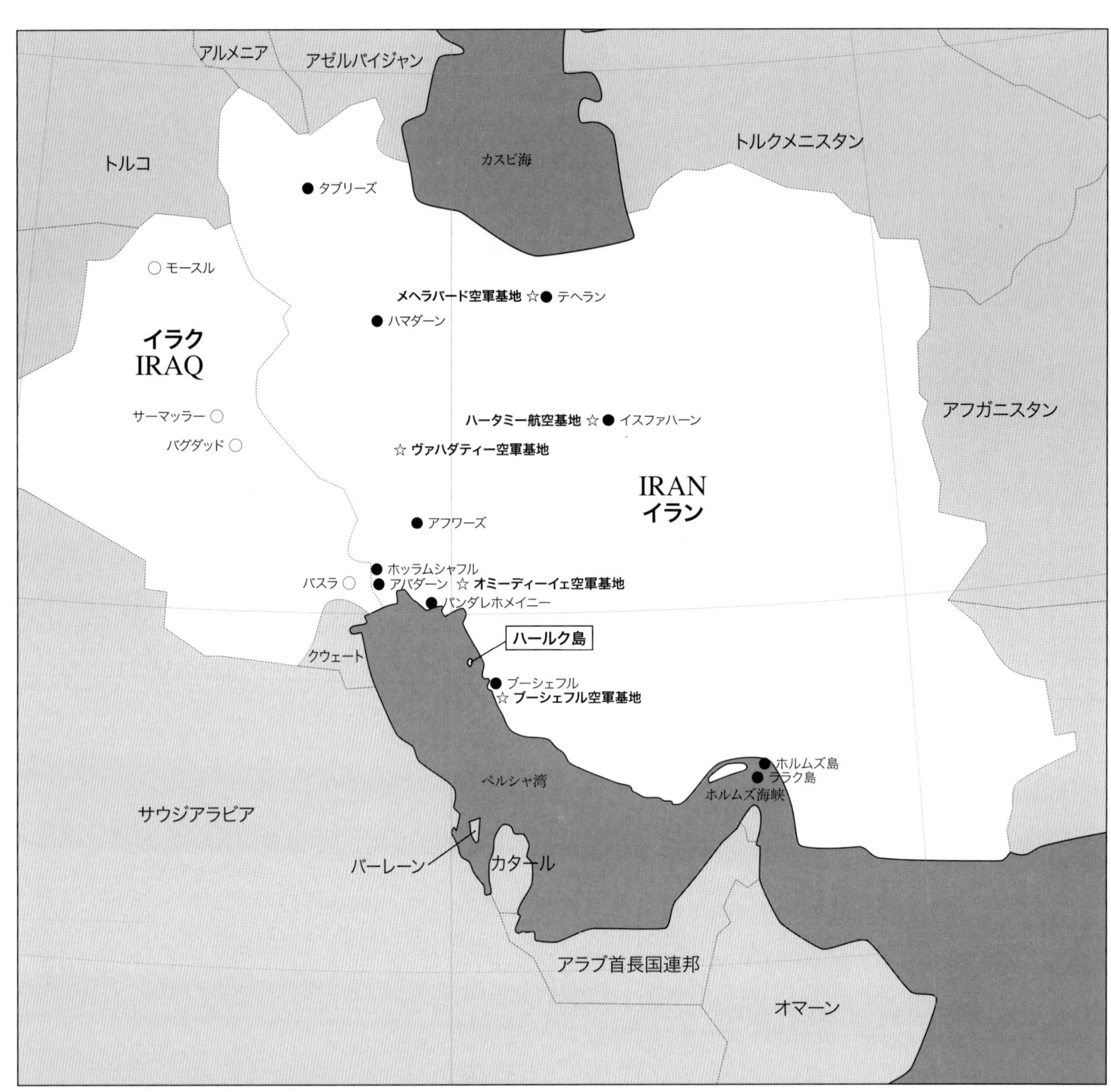

本書に登場する主な都市や航空基地を表したもの。現在では呼称が変わっている所もあるので注意されたい。

このTFB7基地のF-14Aのように、戦争の初期段階には保管施設から引き出され、IIAFの文字をつけたまま実戦投入された機体も多かった。1981年にIRIAFの組織体制が徐々に復活し、さらにパイロットと技術者が「リハビリ後」に釈放されると、戦線復帰するトムキャットも増えていった。これと同時に交換部品や装備品が数次にわたる秘密支援でアメリカから到着したという報告もある。同年末にはIRIAFのF-14A稼働機は60機に達した。(authors' collection)

猟期の始まり

OPENING THE SEASON

活発な出撃とほとんど絶え間ない戦闘にもかかわらず、整備状況を着々と改善してきたイラン軍はF-14部隊の能力を徐々に高め、1982年にはイラク軍のミグ25を撃墜するまでになった。最初の「フォックスバット」がイラクに到着したのは1980年初めだったが、当初はソ連軍の厳重な管理下に置かれていた。ソ連はスメルシュ A-1レーダーとR-60短距離ミサイルを装備するミグ25PD（輸出型）とミグ25RBを当初10機、その護衛用の16機のミグ21MFと20機のミグ23からなる1個連隊とともにバスラ南方のショアイバ空軍基地に配備した。

1980年8月にはイラク国内のミグ25は計24機になった。これらは主に訓練に使用されていたが,訓練は開戦により中断された。しかしイラン軍がショアイバを激しく空爆し、ロシア人と東ドイツ人が搭乗するミグ21とミグ23に甚大な損害をあたえたため、彼らははるかイラク西方のH-3空軍基地への疎開を強いられた。

1981年初めにイラク軍管理下にあったミグ25は4機だったが、イラク空軍は大きな損害を被っていたため、優秀なパイロットが不足していた。そのため本機種の本格的な実戦投入は延期され、その年の「イラク軍」の「フォックスバット」による作戦任務は、すべてソ連と東ドイツのパイロットにより実施されたのだった。1981年4月にはわずか4機のミグ25RBがイラク空軍第1戦闘偵察飛行隊A中隊に追加配備されたが、この飛行隊はほかにイギリス製のハンター FR.Mk.10とミグ21RFも数機保有していた。その後同部隊にはソ連軍指揮下のミグ25PDが4機配備された。公式にはこれらは同飛行隊のB中隊で使用された。

イラク空軍ミグ25とIRIAFのF-14の交戦で知られている最初のものは、デズフール近郊のヴァハダティー空軍基地から発進したIRIAFのF-4とF-5と、サルマンパクとバスラまでの諸基地から発進したイラク軍のミグ21とミグ23との長期間の激しい空対空戦闘のあとに発生した。当初イラク軍は1981年4月末から5月初旬までの戦闘で大損害を出した。しかしその後、フランス製のマトラR550マジックMk.1空対空ミサイルを装備するミグ21MFの飛行隊2個を急遽投入した。両飛行隊は空戦の専門訓練を受けたパイロットで編成されていた。彼らはIRIAFに甚大な損害をあたえることになった。

事実、戦況が不安定になったため、イラン軍はヴァハダティー地区での航空優勢を再確立するべく、全トムキャット部隊をここへ投入せざるをえなくなった。F-14飛行隊をこれほど前線の近くへ進出させるのは危険だった。なぜならヴァハダティーはイラク軍の空爆や砲撃の目標になることが日常的だったからである。しかしほかに選択肢はなかったとアリー少佐は語った。

「第82TFSのトムキャット10機（これ以外の2機はエンジン関係の問題によりエスファハーンに引き返した）がTFB4基地に到着したのは1981年5月15日です。その到着からわずか2時間後には4機のF-14と2機のF-4Eが飛行場の西方でCAP哨戒に着きました。ものの数分で彼らは4機のミグ21に護衛されたミグ23BNが6機接近してくるのを探知しました。こちらの攻撃でミグ21が2機撃墜されました。どちらもサイドワインダーによるもので、1発はF-14Aの3-6020が、もう1発は随伴していたファントムIIが発射したものです」

「数分後、F-14Aの指揮官機のRIOがミグ25RBが1機、高速接近してくるのを探知しましたが、その機はまだイラク領内でした。パイロットは直ちに旋回して攻撃に向かい、数秒以内にAIM-54Aを1発目標に発射しましたが、敵機はその時まだ108kmの彼方でした。しかしミグ25RBの優秀な『シレーナ』後方警戒レーダーがその脅威をすぐに探知しました。このような長距離戦闘ではAIM-54にPSTT電波照射が最終照準用に必要でしたが、AWG-9からの電波が2秒未満しかつづかなかったのに、ソ連パイロットは警告を受けたのです」

「敵機はすぐさま限界ぎりぎりの急旋回をして国境から離れ、時速2,800kmで西へ驀進しながらECMを作動させました。このパワフルな機動とECMの相乗効果が結果を出しました。『フォックスバット』はフェニックスの射程外をめざして退避しましたが、このミサイルにはジャミング発信源ホーミング機能があり、おかまいなしに目標へ向かっていき、機体の後方で爆発しました。そのミグのパイロットは幸運でした。弾片のほとんどが外れたのですが、飛行機は傷つき、ショアイバ基地に緊急着陸を強いられました」

F-14とミグ25はその後、戦争でいくつもの派手な空戦を展開することになったが、両機の最初とされる戦闘はこうして幕を閉じた。しかし戦略的状況は大きく変わった。イラク軍はヴァハダティーへの攻勢を中止し、数日後、仕事を終えた第82TFSはTFB8基地へ引き揚げた。TFB4基地のF-4パイロットだったダリューシュ少佐は、この遭遇戦の衝撃をこう語った。

「TFB4は敵のインディアンに包囲された『アメリカ西部開拓時代』の砦みたいなもので、そこに現れたF-14部隊はインディアンを撃退しに駆けつけた騎兵隊のようでした！　トムキャット隊が来るまで私たちの戦意は落ち、尽きかけていました。あれほどの短期間に多くのパイロットと飛行機を何の戦果もなく失ったのは、部隊史上初めてでした。それまでイラク軍はこちらの戦闘機を見ると逃げ出すことが多く、それを私たちパイロットの多くは臆病者だからだと思っていました。敵が逃げなければ、叩き落とすだけでした。あの5月、敵が臆病者でなかったことがわかりました。そしてイラク軍機がわれわれとの交戦を避けていたのは飛行機の航続距離が短かったせいだからだと理解できました。彼らはいつも燃料を心配していたんです」

明らかにイラク軍、ソ連軍、東ドイツ軍はこの展開を良しとはせず、しかも彼らにとって状況はさらに悪化しつつあった。事実1981年秋までにイラク空軍が被った損害は甚大で、その作戦可能機はわずか計140機にまで減少した。そのためイラク軍には手持ちのミグ25をさらに多用するしかなかった。また本機種はイラン軍迎撃機に少なくともひとつの要素で優っていた。速度である。イラン軍のF-14の優勢を伝えるイラク軍の報告を信じられなかったソ連と東ドイツは、イラン軍のアメリカ製システムに対して「フォックスバット」が通用するのかどうかを、ぜひとも知りたいと考えた。そのためイラク人搭乗員のミグ25運用訓練が大幅に強化された。アリー少佐は自身が戦闘で遭遇したイラク軍「フォックスバット」について次のように語ってくれた。

「彼らは厳正な選抜手続きで選ばれていました。判定基準は飛行技術と経験と精神力で、政権に対する忠誠心だけではありませんでした。これらのパイロットたちは頭がよく、例外なくイラク空軍の最精鋭でした。ソ連軍と東ドイツ軍にミグ25要員として抜擢される前にイギリス軍、フランス軍、インド軍などで訓練を受けていた者も少なくありませんでした。たとえIRIAFパイロットの平均そこそこだったにしても、彼らは勇敢で戦意旺盛でした。

戦争のこの時点で彼らが20人もいなかったのは幸運でした」

F-14との最初の遭遇後、イラク軍「フォックスバット」は1981年10月に再び前線に姿を見せた。当初彼らはハールク島の偵察ソーティを実施していたが、その後攻撃を開始した。これらの初期作戦の結果はイラク側にとって芳しくなかった。ソ連軍と東ドイツ軍は同機の「ペレングD」航法攻撃システムの調整法を習得するのに時間を必要としたが、そのパイロットたちは目標の近くに兵装を投下するために機体を正確に操る方法を学ばなければならなかった。ミグ25RBのハールク島への出現に反応し、IRIAFはF-14の哨戒を強化した。状況は数ヵ月間、変化しなかった。

しかし1982年の春、IRIAFは前線へ向かうミグ25の4機編隊を10回以上探知した。彼らは高度19,000m以上を速度マッハ約2.2で活動するのが常だった。IRIAFの迎撃機が時々緊急発進したものの、「フォックスバット」と会敵するだけの速度が足りないのが普通だった。そうしたなか、イラク軍のミグ25Pもイラン領空に姿を見せ始めた。トムキャットとの新たな遭遇戦が発生するのは時間の問題だった。

F-14のエンジン

イランのF-14Aが搭載しているのはアメリカ海軍のF-14Aと同じプラット&ホイットニー製のTF30-P-412ターボファンエンジンである。これは世界初のアフタバーナー搭載エンジンで、F-111計画において航続距離の長さと超低空でのダッシュ性能を両立するために設計されたものである。F-14Aに搭載されたモデルでは最大推力9.48tで、F-111初期型に搭載されたものよりも1t以上の推力向上を果たしている。1977年からは改良型のTF30-P-414が製造され、最大の欠点であった急激なスロットル操作でコンプレッサーストールを起こしやすいという点が改善されることとなった。

また後年F-14B/Dに搭載されたのはジェネラル・エレクトリック製のF110-GE-400で、このエンジンの搭載によりアフターバーナーを使用しないカタパルト発進やAIM-54を6発搭載してのミッションが可能となった。さらに上昇率も改善され超音速までの加速にかかる時間が従来の半分になり、その上燃費も向上して戦闘行動半径が60%も伸びることとなった。このエンジンの搭載により、F-14はその真の力を発揮できるようになったのである。

〔文／スケールアヴィエーション編集部〕

1981年秋からイラク軍はミグ25RBでハールク島の石油施設を爆撃し始めた。当初は慎重なタイミング選定によりイラク軍は哨戒するイラン軍F-14を回避していたが、1982年の9月と12月にミグ25RBが2機撃墜された。写真の主翼を失った改良型のミグ25RBT（シリアル25107）はイラン・イラク戦争と1991年の湾岸戦争を生き残ったものの、2003年7月にアルタガダム空軍基地で米軍に鹵獲されたもの。この迎撃機は有志連合軍機に空から標的と誤認されないよう、のちに埋められた。（US Department of Defense）

「フォックスバット」ハンター
"FOXBAT" HUNTERS

1982年8月に実施されたイラク軍のハールク島初攻撃にはミグ25RBが参加していた。高高度を高速で飛来する彼らの迎撃は困難を極めた。IRIAF最高の戦意旺盛なF-14搭乗員にとっても、「フォックスバット」の迎撃を成功させるのは、膨大なコクピット内操作を必要とする精密な高速飛行が必要なため、究極の任務だった。それでもIRIAFの全パイロットと同じく、第8戦術戦闘航空団の搭乗員も交戦を心待ちにしていた。

イラク軍ミグ25RBがイラン領奥深くまで飛来し、民間目標を攻撃して死者数十名を出すようになった1982年9月以降、その戦意はますます高まった。イラク軍の「フォックスバット」作戦はメヘラーバード基地のF-14Aがイランの首都上空を24時間CAP哨戒するようになるほど活発だった。この緊迫の時期、哨戒は夜間と金曜礼拝時だけに限られていた。CAPは高度9,000mで開始されたが、ミグ25が探知されるとF-14は1万2,000mまで上昇し、マッハ1強に加速した。しかし飛来する「フォックスバット」の高度は1万8,000から2万1,000mで、速度はマッハ1.9から2.4だった。

彼らの迎撃が困難なのが判明すると、IRIAFはその迎撃方法の研究にしばらく時間を費やした。それは主に哨戒の高度、位置、速度の変更だった。F-14A搭乗員は戦闘機統制官の役割を務めることもあり、ほかの友軍戦闘機をイラク軍のミグ25だけでなく、ツポレフ22B、22KD、16などの爆撃機の迎撃にも誘導した。

イラク軍のミグ25が初めてIRIAFのトムキャットに撃墜されたのがいつだったのか、正確な日付は不明である。1982年5月4日にあるイラク空軍亡命者がシリアの取調べ官に説明したところによると、それまでにイラン軍のF-4とF-14によりイラク軍は戦闘機98機とパイロット33名を失っていたという。この合計にはF-14の発射したフェニックスミサイルによるミグ25が1機含まれていた。イラク軍はよほどのことがない限り、このような詳細情報を公表することはなかった。ただ確かなのは、イラク軍ミグ25の「猟期」を開いたのはIRIAFの第8戦術戦闘航空団だったという事実である。

1982年9月16日1240時、ブーシェフルとハールク島間でCAP哨戒についていた2機のF-14Aは、敵機1機が高度2万1,000mを速度マッハ3近くでハールク島へ接近中と地上要撃管制官から告げられた。トムキャット隊は敵機に向かって旋回し、先導機のRIOがAWG-9を作動させ、ミグ25RBと判明した目標の迎撃を開始した。数分後、目標が捕捉された。AWG-9は照準ファイルを確立し、距離100km以上からAIM-54Aが1発発射された。イラク軍ミグはそれに反応せず、ミサイルは急速に距離を詰めて命中すると、巨大な火球が出現した。パイロットは海上で脱出したと報告されたが、イラン軍ヘリコプターは彼を発見できなかった。サメが多数生息するペルシャ湾では、捜索救難作戦が徒労に終わることも多かった。

イラン軍の資料では、これがIRIAFのF-14によるイラク軍「フォックスバット」の最初の確認撃墜であるとしているが、イラク軍の亡命者によれば、それ以前に1機が撃墜されていたという。この撃墜により、マッハ3近くで飛行するミグ25をAWG-9とAIM-54で迎撃し、撃墜できることが実証された。これ以外にも撃墜例が存在していたかもしれないが、イラク空軍は不屈だった。9月22日に1機のミグ25RBがテヘランのはるか上空で爆音を轟かせた。

IRIAFがイラン首都上空でこのようなイラク軍機の活動を容認できないのは当然だった。そこでメヘラーバードに配置されていた第72TFSのF-14Aには常時多数のAIM-54が供給されることになったが、それは本地域で活動するイラク軍機の迎撃にこのミサイルが最適だからだった。さらに通常はテストと訓練に使用されていたF-14Aが3機、「ミニAWACS」として運用できるようAWG-9と通信装置を改造された。これらの機はテヘラーン地区の早期警戒だけでなく、TFB1基地のF-4E部隊をはじめとする戦闘機をイラク軍爆撃機の迎撃に誘導することも可能だった。こうした哨戒は12時間継続することもよくあり、その場合はKC-707から最大5回の給油を受けた。

テヘラン上空の飛行が繰り返されたにもかかわらず、「フォックスバット」との次の対決が起きたのはハールク島付近だった。1982年12月1日、シャハラーム・ロスタミー少佐操縦のF-14Aは単機でハールク島からバンダレホメイニーまでの空域のCAP哨戒を実施し、バンダレアッバースへ向かう商船団を護衛していた。持ち場についてから2時間後、KC-707からの給油を終えてから間もなく、ロスタミーは単機の敵機が北から高度2万1,000m、速度マッハ2.3で接近中と地上要撃管制官から警告された。ミグ25である。この時、ロスタミーのF-14Aは高度1万2,000mを速度わずかマッハ0.4で飛行中だった。地上要撃管制官は彼に敵機は113kmまで急速に接近しつつあるので急げと促した。

ロスタミーが加速する一方、RIOは目標を捕捉しようとしたが、ミグパイロットが乗機のECMシステムを作動させてたちまち71kmまで接近したため、RIOの試みは短時間妨害された。ジャミングにもかかわらず、ロスタミー機のRIOは有効なレーダーロックオンに成功し、F-14Aがマッハ1.5に加速し、1万3,500mまで上昇したところで距離64kmから見上げる姿勢でAIM-54Aを1発発射した。ミサイルはうまく機体から分離し、ほぼ同時にエンジンに点火すると、重々しいフェニックスは煙を噴きながら轟音とともに飛び去った。発射後、ロスタミーはトムキャットをやや西方へ変針して減速し、高度を下げたが、これはミグへ速すぎる速度で接近するのを避けるためだった。彼は目標をレーダーの有効範囲の限界ぎりぎりに保っていた。

時間が経過し、ミグは距離を詰めつづけていたが、ロスタミーは右後方へ旋回した。ちょうどその時、兵装パネルカウンターに表示されていたコンピューター算出の目標到達時間がゼロになった。命中シンボルがレーダースクリーンに輝き、数秒後、地上要撃管制官がイラク軍戦闘機がレーダースコープから消滅したのを確認した。ミグ25RBは海に墜ちていた。イラク空軍の懸命の捜索救難作戦にもかかわらず、パイロットは発見されなかった。

イラク軍/ソ連軍の「フォックスバット」部隊はこの損失後、復讐を誓い、そして12月4日に2機のミグ25PDがイラン北部の空域に侵入し、トルコを出発してタブリーズ上空を通過中だった旅客機を撃墜しようとした。索敵をしながらミグは散開した。彼らは知るよしもなかったが、IRIAFは第81TFSのトゥーファニアン少佐が操縦するF-14Aを1機発進させ、この地域へ差し向けていた。同機のAWG-9はスタンバイ状態で、AIM-54の最小発射距離までの接近には「コンバットツリー」装置だけが使われていた。レーダーの起動直後、「フォックスバット」の後方警戒レーダーがパイロットにF-14の存在を警告し、ミグ25PDは直ちに加速した。トムキャットの搭乗員は自分たちが発射したAIM-54を振り切ろうと旋回する目標の動きを固唾を飲んで見守った。

この時、フェニックスが故障した。ミサイルは外れ、「フォックスバット」の後方を通過したが、イラン軍初のF-14パイロットのひとりであり、不屈の闘志をもっていたトゥーファニアン少佐は自機をマッハ2.2まで加速すると追跡を開始した。最初のフェニックスが外れるとイラク軍パイロットは速度を落としたが、これは明らかに安心したためだった。だがそれが彼自身の死刑執行状へのサインとなり、「フォックスバット」は2発目のAIM-54によって空から叩き落とされた。

イラン軍トムキャットに遭遇したイラク軍将官たち

IRAQI GENERALS MEET IRANIAN TOMCATS

1982年の10月と11月にペルシャ湾上空で「フォックスバット」と戦う一方、第81および82TFSのF-14Aはノージェ空軍基地のF-4Eの支援でも戦闘を行なっていた。このファントムII部隊は「ムハッラム作戦」に参加していたが、これはイラン陸軍がエイネホーシュからムーシヤンまでの前線で実施したものだった。この戦闘でイラン軍はイラク軍の諸戦線を突破し、多大な損害をあたえた。

状況が切迫したため、2名のイラク軍高官、陸軍参謀部幕僚兼第3軍司令のマヘル・アブドゥル・ラシード少将と第4軍副司令兼陸軍広報官のアブデル・ジャバール・ムフセン中将が前線視察を決定した。両官らは1982年春のイラン軍攻勢のような損害を危惧していたが、その時イラク陸軍は2個師団の兵員と装備を失ったのだった。

1980年11月20日の朝、2名の将官はS・モウサ大尉の操縦する武装したミル8「ヒップ」ヘリコプターに搭乗した。さらに2機のミル8と1機のミル25「ハインド」ガンシップがその護衛につき、ハインドが先導機を務めた。編隊の頭上では4機のミグ21と4機のミグ23が警戒にあたり、燃料が減ると別の戦闘機と交替した。

1040時頃、高度1万2,000m、イラク国境からわずか8kmの地点でIRIAFのKC-707給油機1機とF-14戦闘機2機が、F-4Eの2機編隊がイラク進入の前に空中給油に来るのを待っていた。ホースロダード大尉が指揮する2機のトムキャットは周回パターンを飛び、常時1機がAWG-9レーダーで国境空域を走査していた。5分後、最初のファントムIIが空中給油を開始したのと同時に、ホースロダードのAWG-9が西から低空をゆっくりと給油機へ接近する複数の目標を探知したが、それらはすでにAIM-54の射程内だった。

イラク領空に入るべからず、そして給油機を無防備のまま置き去りにするなという内部規定は承知していたものの、ホースロダードは攻撃を決断した。しかしすぐさま彼はスパローとサイドワインダーしか装備していなかった僚機には、KC-707と2機のファントムIIのもとに残れと命令した。それからホースロダードは西へ降下していった。

彼とRIOはAIM-54を2発連続発射すると、約10秒後にAIM-7E-4を2発発射した。ふたりは2個の目標がレーダーディスプレイから確実に消滅したのを見て小躍りした。しかしイラク側はF-14の存在にまったく気づいていなかった。モウサ大尉が最初に異状を感じたのは、2km前方を飛行していた護衛のミル8のパイロットが、護衛戦闘機のうち3機が炎上しながら上空から墜ちてきたと叫んだ時だった。破片が広い範囲に降ってくるから右急旋回で避けろと彼はモウサに言った。

数秒後、あるミグのパイロットも警告を叫んだ。何から攻撃されているのかは不明だが、「VIPが乗っているミル8をこの地域から逃がせ！」と「強く」指示していた。破壊されたミグが地表へ落下していくのを見たモウサは、その生き残りの護衛機の言うとおりだと思った。ラシード少将とムフセン中将の前線視察は、まだ始まりさえしない段階で終わった。

1分もしないうちにフェニックスとスパローを全弾発射し、ミグ21を1機とミグ23を2機撃墜したホースロダード機は給油機へと戻った。ホースロダードはファントムIIの搭乗員たちに同地区にイラク軍戦闘機がいることを伝えてはいたが、彼の乗機のAWG-9が低速で丘のあいだを低空飛行していたミル8の編隊をまったく探知していなかったのは確かである。

1981年の夏から秋にかけ、イラク空軍はハールク島のイラン石油輸出施設に対する攻撃を強化した。写真はハールク島南東部の施設で、貯蔵区域と世界最大級のタンカーに給油可能な同島に2基あるT字型桟橋の1基が見える。ハールク島上空ではF-14とイラク軍戦闘機との激しい空戦が7年間に数十回発生した。トムキャット搭乗員は本地区でいくつもの大戦果を上げたが、その損失の大半もここで被った。(US Department of Defense)

第4章

消耗戦

ATTRITION

西側の出版物には、1983年1月16日から2月18日にかけてIRIAFの防空部隊が80機ものイラク軍機を撃墜し、少なくともその24機がトムキャットの戦果であるとしているものがいくつかある。しかし狭いイラン軍戦闘機パイロット社会で徹底的な調査を行なった結果、この時期に記録された撃墜は「ごく少数」だったことが判明した。イラン軍の公式報告ですら、戦争のこの時期は「実に平穏」だったと述べている。

この戦争が消耗戦の様相を帯びつつあることを認識したIRIAF最高司令部は、全部隊に慎重に作戦を行なうよう命じた。その一方でイラン軍は迎撃機と地対空ミサイル基地を組み合わせてイラク戦闘機用の「キリングフィールド」を構築するという新戦術も導入し始めていた。この戦術については不明な点が多く、それは現在も存続しているためと思われるが、そこにF-4やF-14が「ハンマー」としてイラク軍機を地対空ミサイル陣地という「カナトコ」へおびき寄せる、または追い込むものだったようだ。たとえば1月16日には3機の機種不明イラク軍戦闘機（おそらくミグ19の中国製コピー、J-6）が撃墜されたことが知られている。21日にはミラージュとミグ23が各1機、27日にはスホーイ20が1機、29日にはミグ23がまた1機撃墜されている。

イラン軍が慎重な行動を心がけたにもかかわらず、戦闘は1983年の終わりまで同様のペースでつづき、両軍ともさまざまな目標に継続的な航空攻撃を実施していた。イラク空軍は200機以上の航空機を中国とソ連から得て増強されていたが、相変わらず損害を出しつづけていた。ソ連製の最新鋭の航空電子機器とECMシステムを搭載した改良型のミグ25でさえ、IRIAFの迎撃機に対してやはり脆弱であることが判明した。

8月6日、2機のミグ25PDがトルコの空域を利用してタブリーズ付近に突如出現した。しかしその計略を阻んだのは付近をCAP哨戒していたTFB1の単機のF-14Aで、同機のAWG-9は自身の存在を察知させないためスタンバイモードにされていた。イラン機の搭乗員は最終的にレーダーを作動させ、ミグがAIM-54の交戦範囲に深く入ったところでフェニックスを1発発射した。これまでのミグ25迎撃戦と同様に、イラク機パイロットは自らの危険に気づくと素早く反応した。2機の戦闘機は旋回しながら速度を上げたが、AIM-54は距離を詰めると1機の近くで爆発し、エンジンと尾翼を損傷させた。だが致命的なダメージにもかかわらず、ミグはまだ飛びつづけていた。パイロットは何とかイラン領空から離脱しようとしたが、僚機が逃げてしまったため孤立無援になってしまった。

この劇的な状況からほど遠くない低空では、IRIAFのカゼム・ザリフハデム大尉率いるF-5EタイガーIIの2機編隊が、ナパーム弾とAIM-9を装備してイラク軍陣地の攻撃に向かっていた。いつもどおりザリフハデムは超低空を飛行しながら荒涼とした大地の上を目標へ向かって忙しく編隊を先導していた。突如1機のミグ25が自機の進路の低空を高速で横切るのを見た彼は驚いた。ザリフハデムは直ちに爆弾と増槽を投棄すると、スロットルをフルアフターバーナーに押し倒し、手負いのミグの後方へ旋回した。数秒後、その「6時ど真ん中」の位置についた彼は、自機のサイドワインダーを2発とも発射した。

イラク軍パイロットがその攻撃に気づいて横転離脱した時、ミサイルは目標の半分ほどまで飛翔していた。しかし時すでに遅く、サイドワインダーは両弾とも命中し爆発した。パイロットは脱出し、イラク軍に救出された。これはIRIAF迎撃機によって撃墜された5機目の「フォックスバット」であり、これを機にイラク空軍はこうしたイラン領空への侵入を中止した。

イラン軍の前進陣地を爆撃後、その上空を超低空旋回するイラク軍のミグ23BN。本機種は緒戦でIRIAFのF-14により空前の大損害を出し、このソ連製戦闘機がトムキャットに対抗しうると期待していたイラク空軍を大いに失望させた。(authors' collection)

トムキャットの絶頂期
TOMCATS SUPREME

1984年2月26日朝、単機のF-14Aがイラク空軍ミグ23BNの大規模攻撃隊に罠を仕掛けた。まず先頭のイラク軍戦闘機が1発のAIM-54Aで撃墜され、それからトムキャットはドッグファイトに入り、さらに2機のイラク軍機をサイドワインダーで撃墜した。この衝突はその後の戦闘の前触れであり、1機または2機のトムキャットと、それよりはるかに多数のイラク軍機編隊との空戦が繰り広げられることになった。ジャヴァード大尉はこう説明してくれた。

「当時のイラク軍はF-14をとても恐れていて、もしF-14がイランの上空を飛んでいなければ、イラク軍のミグとスホーイは『ハウィゼ湿地帯の鳥』のように空を覆い尽くして、イラン軍の陣地を我がもの顔で爆撃していました。ハールク島やテヘラーンの上空にトムキャットがいなければ、イラク軍はすぐに攻撃を仕掛けてきました。その逆にIRIAFのF-14が姿を現すとイラク軍は逃げ去りました」

これがおそらくイラン軍最高司令官アクバール・H・ラフサンジャーニーが1984年4月26日の演説で本機の優秀さについて特に言及した理由だろう。

「今やわれわれの空軍は開戦時よりもはるかに強力である。これまでF-14の損害はなく、またF-14は敵が近づこうとすらしないほどの飛行機である」

イランの新政権が自軍のトムキャット部隊の価値について疑問を抱いていた日々は完全に過ぎ去った。こうした発言を打ち消すため、イラク空軍最高司令部はイランの防空体制の弱点を露呈させようと、ハールク島周辺に進入禁止空域を設定すると公式に警告を発表した。またイラク軍はこの重要な石油ターミナルの海上封鎖も宣言したが、彼らにそれを実行できるだけの能力はなかった。しかしその真意は民間海運会社にハールク島ターミナルの使用を断念させることだった。

イラク軍はこの脅しに実効性をもたせるため、多数のシュペルフルロン・ヘリコプターとシュペルエタンダール戦闘爆撃機にAM39エグゾセ空対艦ミサイルを搭載し、イラン沿岸を航行する船舶を攻撃できるようにした。両機種のミサイル母機としての戦闘有効性は完璧からほど遠いのが実情だったが、イラクは—そして国際メディアもある程度—エグゾセの威力を宣伝し、その戦果を過大に報じた。

一例として1984年3月1日にイラク空軍はペルシャ湾で6隻の船にエグゾセを命中させたと発表した。だがその日の朝0913時に第82TFSのF-14編隊が、アルファウ半島南方にあったイラクのアルバクルおよびアルアマヤ外洋プラットフォーム付近での短時間の戦闘で、イラク空軍のスホーイ22Mを1機撃墜している。バンダレホメイニーからブーシェフルまでの海域を航行していた船舶に接近したイラク軍戦闘機は存在せず、もちろんイラン軍トムキャットもなかった。イラク軍は3月24日にも攻撃を試み、少なくとも4機の飛行機を差し向けてハールク島を爆撃しようとした。

IRIAFのF-14Aが今や脅威となっていた事実は、イラク空軍機が同機との戦闘を回避していただけでなく、サウジ王立空軍の活動にも影響していた。サウジ軍はイラク軍からの情報は、イラン沿岸を航行する船舶がエグゾセにより大損害を出したという報告も、IRIAFとの航空戦で甚大な損害を被ったという報告も信用していなかった。この地域でイラン軍が今や一目置くべき勢力を維持しているという事実は、3月25日にハウィゼ湿地帯のマジュヌーン洲でトムキャット部隊がツポレフ22B爆撃機を撃墜したことにより証明された。さらに4月6日にペルシャ湾上空でツポレフ22Bが2機撃墜されると、サウジ空軍は自軍の戦闘機にIRIAFトムキャットの活動空域に進入しないよう命じた。

この時期のF-14部隊は非常に活発で、TFB8基地のパイロット、

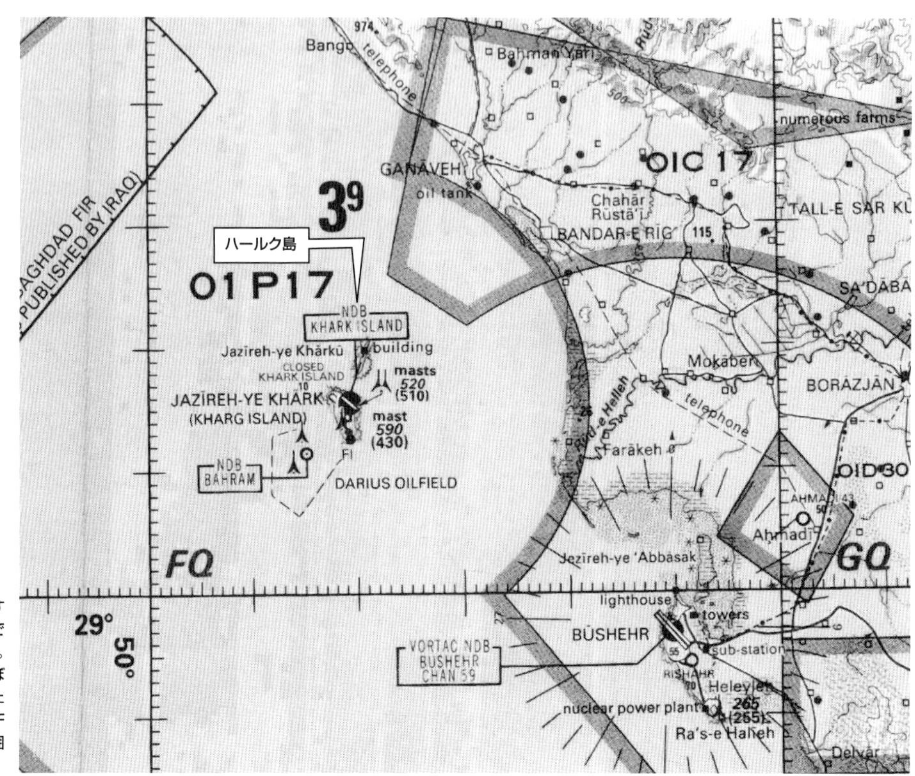

ハールク島と周辺の石油施設を防衛し、石油輸出を継続することは、イランの戦争継続にとって不可欠だった。そこで同地方の防衛に動員可能なすべての戦力が投入された。1981年以降、第81および82TFSがこの地域上空をほぼ常時CAP哨戒し、1986年には両飛行隊はTFB6ブーシェフル基地に駐留するF-14の常設分遣隊を編成した。IRIAFのトムキャット部隊が達成した撃墜の大半がこの地図の範囲内でのものだった。(authors' collection)

8年間の長期にわたってイラク軍はハールク島の石油備蓄／積出用複合施設を使用不能にしようと、各種の地対地ミサイル、Kh-22／AS-4やKSR-5／AS-6などの空対地ミサイル、戦闘爆撃機による無誘導爆弾の投下や誘導爆弾の発射、スタンドオフ距離からのミサイル発射などで執拗に攻撃した。ミグ25とツポレフ22も多数の爆撃作戦に参加し、貴重な戦果を上げた。IRIAFのトムキャットはハールクを撃滅しようとするイラク軍機のほとんどを阻止し、待機する超巨大タンカーへの給油を途絶えさせなかった。しかしこれほど多くの航空攻撃が単一目標に長期間にわたって実施された例は史上かつてなかった。(authors' collection)

アボルファズル・メフレガンファル大尉によれば、1983年中盤から1984年中盤にかけてイラン軍トムキャットはこれまでで最多のソーティをこなしていたという。それまでのあらゆる整備、出撃、訓練の努力が報われ、1984年7月26日にはあるF-14の搭乗員が本機種初のシュペルエタンダール撃墜を申告したが（AIM-54Aを1発使用）、そのイラク軍パイロットは傷ついた機体を何とかなだめすかして基地へ胴体着陸していた。イラク空軍はこの損失について沈黙を守ったが、2週間近く船舶攻撃を中止した。

シュペルエタンダール部隊は8月7日に戦線復帰したが、またもや探知され、1機がエグゾセを2発発射してから数分後に単機のF-14Aに撃墜された。そのトムキャットの搭乗員は直ちに残りのフェニックスでエグゾセを撃墜しようと試みたが、その結果は不明である。1984年にIRIAFの迎撃機が申告したシュペルエタンダールの撃墜数は3機に上ったが（初撃墜はF-4による4月2日のもの）、のちにフランスはイラクに貸与していた5機の戦闘爆撃機のうち4機が1985年に返還されたと発表している。現在もどちらが真相だったのかを示す確証は存在しない。

イラクに有償貸与された5機のシュペルエタンダールはフランス海軍が発注していた機体を転用したものだった。貸与契約により、ダッソー・ブレゲー社はフランス海軍に各機当たり1億4千万仏フランを貸与期間終了時に支払うことになっていた。またその契約はイラクでの損失機が2機を越えた場合、たとえその時点で生産ラインが閉じられていても代替機を製造することも定めていた。ダッソーがこれらの契約条項を履行したか否かは不明である。

1984年8月11日、バグダードのラジオ放送は損害への弁解がましく、イラン軍トムキャット3機が「ブーシェフル沖の空戦で海上に撃墜された」と報じた。IRIAFのF-14が2機より多い編隊で行動することは決してなかったという事実に加え、この報道の綿密な検証により、これが同日この地域で1機のトムキャットが墜落したというイラン軍の報告に基づくものだったことが判明した。それから数年間、IRIAFのさまざまな記録はその搭乗員、モハマドハシェム・アレアガ大佐とアボルファズル・ゼラファティ少佐がサウジアラビアに亡命したという推定に基づいていた。

おそらくイラクの主張に影響されたと思われるその他の資料は、彼のトムキャットはイラク軍のミラージュF1EQ迎撃機が発射したシュペル530F-1ミサイルにより撃墜されたとしていた。しかし詳細な調査により、このトムキャットの周辺のどこにもイラク軍機は存在しておらず、アレアガ機のAWG-9は当時問題なく作動しており、彼との連絡が途絶えたのはブーシェフルでの何らかの「特殊任務」からの帰還時だったことが判明した。

イラン・イラク戦争の終戦から数年後、ハールク島沖での石油探査作業中に行方不明だったトムキャットが海中で発見され、そのコクピットには搭乗員の遺体がハーネスで固定されたままだった。その後、公式記録にはアレアガのトムキャットは「ペルシャ湾で輸送船団護衛中に敵の地対空ミサイルにより」撃墜されたという推定が示されたが、イラク軍の地対空ミサイルでそれほどの射程があるものはまず存在しなかった。

そこで考えられるのは、アレアガとゼラファティは彼らのトムキャットをイラク軍爆撃機と誤認した「味方の」MIM-23の犠牲者だったという可能性である。本機は戦争中に失われた3機目のF-14Aだが、そのいずれもが任務に精励していたハールク島のSAM基地上空で墜落していた。さらに1985年3月24日にも別のトムキャットがこの防空基地の犠牲になり、セイードホセイン・ホセイニー大尉とアリー・エクバリモカダム少尉が撃墜されている。

戦争初期のトムキャットの損失がすべて「オウンゴール」であることをイラン軍の記録が示しているにもかかわらず、アメリカ国防省の記録によれば1983年にイラク軍が各種のイラン軍機の残骸をソ連に提供しており、それにはF-14の残骸とその近くで発見された大破したAIM-54Aが含まれていたという。このトムキャットが失われた状況は現在も不明だが、本情報は元イラク情報局長官ヴァフィク・アルサメライによって確認されている。イラン軍F-14の残骸はバグダード西方のアルタカダム空軍基地でソ連軍輸送機に積み込まれたと彼は証言している。

当然ながらF-14Aが戦闘損傷を受けたケースはいくつもある。1980年10月のミグ21の破片を受けた例以外にも、1981年4月に2機のミグ23とのドッグファイトで損傷した第二の例があり、1982年の第三の例ではパイロットが無事着陸させている。この機体の下面は弾丸で穴だらけで、うち1発はコクピット付近の胴体を貫通していたという。この戦闘の経緯もいまだに不明である。

1984年8月11日、モハマドハシェム・アレアガ大佐とアボルファズル・ゼラファティ少佐が搭乗していたF-14Aがイランの輸送船団の護衛中にペルシャ湾で撃墜され、両名は戦死した。アレアガは米国で最初にトムキャットへの転換訓練を受けたIIAFパイロットのひとりで、その後数年間、イランでF-14の訓練教官を務めていた。対イラク戦争開戦後、彼は戦闘任務と未来のF-14搭乗員の養成任務の両方で飛ぶことになった。戦死時、アレアガはTFB8基地副司令とIRIAFの戦闘作戦副司令を兼任していた。(authors' collection)

ペルシャ湾上空の終りなき戦い

ENDLESS BATTLES OVER THE GULF

1985年のほぼ一年間、ハールク島と来訪する石油タンカーの防衛はIRIAFのトムキャットの最優先任務だった。イラク軍は新年早々、多数の船舶を攻撃した。第8戦術戦闘航空団のトムキャットが1月14日にミラージュF1EQ-5を同航空団で初めて撃墜し、この一連の攻撃に終止符を打った。この機種はアガーヴ・レーダーを装備し、AM39エグゾセ空対艦ミサイルも運用可能だった。F-14の搭乗員はイラク機が直前に発射していたエグゾセも破壊したと申告した。

3月26日、第82TFSのトムキャットが初の大規模イラク攻撃をペルシャ湾北部で数週間にわたって実施し、わずか2分間で3機のミラージュを撃墜するという激戦を展開した。イラク空軍は3週間戦闘を控えたが、これは「フランスから新たなエグゾセの補充を待つため」と発表した。しかしこれらのミサイルの到着後も、イラク空軍は4月中に1度しか対船舶作戦を実施していない。

1985年中盤までにイラク軍、ソ連軍、東ドイツ軍のミグ25パイロットはトムキャットの脅威に充分対処できる運用法を確立したらしく、1983年8月以降、1機の「フォックスバット」も撃墜されていない。彼らはF-14が出現すると離脱するか、妨害されることなく巧みに目標を攻撃するのが普通になった。しかし1985年8月20日にハールク島に向かっていた4機のミグ25RBのうち1機が撃墜された。これが1985年におけるトムキャットの最後の空戦戦果になった。

F-14部隊はその頃から慢性的な交換部品不足に苦しみ始めたとアリー少佐とジャヴァード大尉は語っている。

「1985年9月になると稼働状態のF-14はわずか30機から32機になり、そのうちAWG-9が機能していたのはいつも半分だけでした。AIM-54のストックも乏しくなっていました。国際メディアの主張とは異なり、イランは新しいフェニックスミサイルを1978年10月以降入手していません。その最後のIIAFへの定期引き渡しバッチは24発でした。さらに24発がアメリカで発送を待っていましたが、革命が起きたため米政府当局に差し止められました。さらに11発がヒューズ社で最終組み立て段階にありましたが、こちらは行き場を失いました。米海軍では使いようがなかったからです。イランがAIM-54の補充を受けられなかったのは、『米海軍規格』のミサイルを求めていると認識されていたからでした。もしアメリカ政府が提供を許可していたとしても——これは1983年以前にイランに到着していた何次かの秘密引き渡し分が相当しますが——米海軍は自軍用のミサイルに性能低下処置をしてから引き渡すことになったはずです」

「一方でイランに残っていたAIM-54は保管状態のままだったものも多く、そうでないものは劣化が進んでいました。コンテナに適切に密封保存されていれば、AIM-54は理論上3年ごとに検査するだけでいいのです。その期間ごとに技術者が検査し、必要なら部分品を改良型にします。しかしそうした検査は対イラク戦

イラク空軍はミラージュF1EQ-5を1985年初めから導入した。シュペル530F-1空対空ミサイルを搭載可能なのに加え、本機種はAM39エグゾセ対艦ミサイルに照準データを提供可能な空対地モードのあるシラノIV M型レーダーを装備していた。機体とミサイルとの接続に関する初期問題の解決後、F1EQ-5は1986～87年の「タンカー戦争」で本格的に使用された。しかしペルシャ湾上空を身重な全備重量で航続能力の限界まで飛ばねばならないミラージュF1は、イランのF-14の格好の餌食になった。(authors' collection)

争中、さまざまな理由により実施されませんでした。その最大の理由は適格な技術者の不足と、交換部品がなかったことです。IRIAFが残っていたすべてのAIM-54を検査し、やっと調達できた交換部品で整備できたのは1991年のことでした」

「その6年前の1985年に起きた『イランゲート』事件が整備上の問題を提起するきっかけになりました。私たちが要求した1,000項目にものぼるフェニックスミサイルの交換部品には、バッテリーや信管のストックに加え、1M54ALEという名称の『運用寿命延長キット』が200セット含まれていました。これは当時ストックとして残っていた弾数を考えると、何よりも必要なものでした。1M54ALEキットがあれば、手持ちのAIM-54を復活させ、大幅に性能を向上できるはずでした。しかし200セットの要求に対し、1986年7月の8日か9日にイスラエルから届いたのは40セットだけでした」

「アメリカ人は『性能低下処置がなされていない米海軍用ミサイルのストック』はもう提供できないと言ってきました。それでアメリカ人がこれ以上キットを提供する気が全然ないのがわかってしまったので、苦笑してしまいました。ええ、もちろん私たちは上手くやりくりをして、多くのAIM-54を完動品に戻しました。これがもとになってイランに『新たな』フェニックスミサイルが引き渡されたという噂が広まったんじゃないでしょうか」

戦争中、その機会が何度もあったにもかかわらず、IRIAFはF-14の6個の目標を同時に攻撃できる能力をとうとう試すことはなかった。ヌズラーン少佐はこう説明してくれた。

「IRIAFのトムキャットがAIM-54を6発装備しているのは見たことがありません。(VIP搭乗機の護衛任務を除き) フェニックスを4発搭載することすら稀だったのは、ミサイルが貴重だったのと、搭載重量のせいです。ドッグファイトの可能性を常に考慮する必要があったのと、イラク軍の編隊全体を回れ右させて追い返すには、1機撃墜すれば普通は充分だったからです。通常、2機編隊の指揮官機の武装はAIM-54が2発、AIM-7が2～3発、AIM-9が2発で、僚機はAIM-7が6発にAIM-9が2発でした。多くの作戦で、特に1984年から85年頃、私はAIM-54をトムキャットに1発しか装備したことがなく、むしろ全然積まないのが普通でした。1980年から88年までで私が実戦で発射したAIM-54は全部で4発です。これでも大抵のパイロットよりは多いほうです。3発が直撃し、外れたのは1発でした」

いるはずのない敵機と、「精神異常」のパイロット
NON-EXISTENT OPPONENTS AND 'INSANE' PILOT

IRIAFのF-14は1986年2月に開始された「ヴァルファジュール8」作戦の支援でも活躍した。これによりイラン陸軍部隊はアルファウ市全域を含むアルファウ半島の大部分を占領した。イラク空軍の抵抗は激しかったが、巧みに構築されたIRIAFのホーク地対空ミサイル陣地により大きな損害を出した。前線の上空飛行があまりにも危険なのが判明すると、イラク空軍は国境付近のイラン諸都市の攻撃に切り替えた。テヘラン、エスファハーン、アラーク、宗教都市ゴムなども標的にされた。

2月15日未明、トムキャット隊がミグ25RBを1機アラーク上空で撃墜したが、これもAIM-54によるものだった。3日後、ミラージュ F1EQ-5が1機、第72TFSのF-14Aが放ったフェニックスによりペルシャ湾上空で撃墜された。ミラージュの2番機にもフェニックスが1発発射されたが、こちらは外れた。撃墜されたイラク軍戦闘機パイロット、ファアード・タイート大尉は無事脱出し、捕虜になった。

1979年の革命以来、対イラク戦争の終結まで、F-14搭乗員の

苦難は終わることはなかった。多くが投獄されて拷問を受けたり、死刑宣告を下されただけでなく、イラク軍の侵攻にともなって釈放されても、今度は革命政府に忠実とされる士官の監督下に置かれることになったからだ。彼らはいわゆる「風紀士官」にも監視された。

その知識や経験や戦果にもかかわらず、これらのパイロットは革命政府に信頼されなかったが、それでも懸命に戦い、そのせいで実年齢以上に老けこんでしまった者も少なくなかった。彼らは一般社会から無視され、なかには上官から「精神異常」という烙印を押された者もいた。その屈辱をあるF-14A搭乗員が味わったのは1986年3月14日、イラク軍の大規模な攻撃隊との戦闘から帰還した時だった。

無数のミグ23やスホーイ22との戦闘で疲れ切っていたそのパイロットは、デルタ翼の「ミラージュ2000」と交戦し、1機を撃墜したと申告したが、その機には国籍マークがなく、かわりに主翼と胴体と垂直尾翼のかなりの部分が派手な赤に塗られていたと語った。またその日、アフワーズ地区の前方に設置されたある改良ホーク地対空ミサイル基地の要員が、基地のレーダーが短時間ジャミングされたと報告していた。これらの報告はIRIAF最高司令部へ転送されたが、いずれも受理されなかった。司令部はイラク側にミラージュ2000は存在しないという見解を変えず、イラク軍が新たに強力なジャマーを導入した事実も認めなかった。

さらに「ミラージュ2000」ないし「デルタ翼」戦闘機と遭遇したという4件の報告がイラン軍パイロットからその後数日つづいたが、そのいずれの場合もこれらの敵新型機と交戦したF-4Eのレーダーは妨害された。しかしF-14のレーダーはファントムIIと一緒に飛んでいた場合でも何の悪影響も受けなかった。IRIAF最高司令部は頑なにこれらの報告を却下しつづけ、F-4E搭乗員によるデルタ翼型ミラージュ1機撃墜という申告も認定しなかった。それどころか、これらのパイロットたちは「精神異常」だと非難されたのだった！　彼らが戦っていたのが未知のECMシステムを装備した新たな敵機であることは、まったく認められなかった。

事実、1986年3月にシャットゥルアラブ川上空での戦闘でデルタ翼のミラージュに遭遇したイラン軍パイロットには、ストレスによる幻覚症状と断定された者が何人もいた！　しかし1990年代末になって彼らはエジプト空軍のミラージュ5SDEの写真を見せられた。これらの戦闘機は当時イラクに6週間配備されたのだが、すべての国籍マークを塗りつぶし、強力なセレニアALQ-234型ECMポッドを機体中央パイロンに装備していたのだった。

大部分のメディア情報筋がIRIAFのトムキャット部隊を軽視し、戦闘可能な機体は存在しないだろうと否定的な見方をしていたが、イラン軍は懸命な努力により可能な限り多くの機体を作戦可能状態に維持していた。1985年中盤にF-14部隊は5万時間を超える戦闘飛行をしたが、1飛行時間当たりに必要な整備時間は約400時間だった！　IRIAFのF-14はほとんど一般の目に触れることなく運用され、ペルシャ湾やテヘラーン西方の平原の上空でCAP任務にあたることが多かった。写真の珍しい展示飛行は1985年2月25日に実施されたもの。
(authors' collection)

1983年初めからIRIAFはF-14部隊とMIM-23AホークやMIM-23B改良ホーク地対空ミサイル陣地を組み合わせた「キリングフィールド」の構築を開始し、トムキャットとの戦闘は絶対に避けよと教えられていた若く未熟なイラク空軍パイロットを多数撃墜した。写真は1983年5月、デズフール近郊でイラク軍のスホーイ22を攻撃するIRIAFのMIM-23B改良ホーク地対空ミサイル基地。(authors' collection)

ファントムIIを餌に

PHANTOM II BAIT

1986年7月12日の深夜零時少しすぎ、イラン軍戦闘艦の混成任務部隊と特殊艇コマンド部隊がペルシャ湾北部にあったイラクのアルアマヤ石油プラットフォームの攻撃に失敗した。その撤退を支援したのはIRIAFの戦闘機隊で、イラク軍の「オーサII」型ミサイル艇を多数撃退した。

この戦闘中、イラク空軍のAM39エグゾセを装備したSA321シュペルフルロン・ヘリコプター1機が給油のためアルアマヤ石油プラットフォームに着陸するのが確認されたが、これは明らかにイラン軍艦艇攻撃の準備のためだった。レザー少佐率いる2機のF-14Aが滞空中だったが、彼らにはヘリコプターが離陸しないかぎり何もできなかった。ブーシェフルのTFB6基地は直ちにAGM-65Aマヴェリック空対地ミサイルを搭載したF-4Eを1機、緊急発進させた。

アルアマヤに接近しながらファントムIIの搭乗員はASX-1 TISEOカメラを作動させ、プラットフォームのヘリパッド上にいる目標がエンジンを回しているのを確認した。イラク軍は接近する脅威を探知すると、パイロットに現在位置に留まるよう命令した。F-4がマヴェリックの射程内に入ると状況の緊張度が高まったが、同機のパイロットは北からイラク軍の迎撃機が接近中だとレザーから警告された。パイロットは仕事を急いだ。素早くロックオンを確立すると、マヴェリックを1発発射して直ちに旋回離脱した。ミサイルはシュペルフルロンを直撃し、大爆発させた。今度はファントムIIの逃げる番だった。南から接近しながら、レザーはF-4Eのパイロットにこの空域に留まって上昇し、敵をおびき寄せてくれと頼んだ。アドバイスを受けながらF-4Eのパイロットはその指示に従った。

「イラク機は現在、君の後方50kmだ。今、左旋回した。あと40km、30km、20km。敵機はこちらのレーダーにはっきり映っている。目標をロックオン。撃墜するぞ！」

トムキャットが遠方に姿を現し、スパローを1発発射すると、機体の下側に大きな噴煙が発生した。その航跡を目で追っていたファントムIIの搭乗員は、イラク軍のミグ23のシルエットがわずか数km後方にまで迫っていたのに突然気づいた。そしてミサイルの命中と同時に巨大な火球が出現し、火だるまになった敵機がペルシャ湾へ落下していった。もう1機いたイラク軍迎撃機は直ちに戦闘から離脱した。

このエジプト空軍のミラージュ 5SDEは対イラン戦争でイラク空軍を支援するため1986年3月にイラクに配備された数少ない機体の1機である。本機の国籍マークと機体番号はスプレーで塗りつぶされているが、垂直尾翼と胴体上部の一部にエジプト空軍独特の黒とオレンジの塗装が残っているのに注意。本機は胴体中央パイロンにセレニアALQ-234型ECMポッドも装備している。ミラージュ 5SDEのECMジャミング能力はF-4やNIM-23地対空ミサイルの搭載装置には有効だったが、F-14には効かなかった。(authors' collection)

またしてもミグ23は手練れのトムキャットに敗れたのだった。アリー少佐は戦争中、多数の「フロッガー」に遭遇したと語った。「ミグ23は私たちに歯が立ちませんでした。加速性能が良かったので離脱は容易なようでしたが、それでもイラク軍はコンスタントに損害を出しつづけました。1982年9月以降、ソ連は多数のR-23R/T中距離空対空ミサイルをイラクに急遽提供しましたが、これはバグダードがこちらのAIM-7に対抗可能なものをと慌てて要請したからです。しかしR-23はヴェトナム戦争でAIM-7が悩まされたのと同じ問題に直面しました。ロックオンの維持がとにかくできなくて、運動性も全然ダメだったんです。イラク空軍はこれで40機も撃墜したと主張していたのに、1984年以降、事実上その使用をやめてしまいました。実際は彼らが戦闘で発射したR-23が40発で、撃墜数が2機だったのです。F-4Eが1機に、C-130が1機です」

1986年8月にF-14部隊は少なくとも5機の撃墜を申告したが、9月3日にイラクの報道機関が「3機のイラン軍ファントムII」がイラクに飛来し、イラン軍パイロットが亡命したと報道したことにより、この記録はぷつりと途切れてしまった。

何が起こったのか？

確かに8月24日から9月3日までに計4名のIRIAFパイロットがイラクへ飛行機で飛んでおり、そのうち1機はF-14だった。しかし本機の秘密はイラク軍にもソ連軍にも漏れなかったという。レザー少佐は説明してくれた。

「1986年の夏、CIAとペンタゴンのFTD（外国技術課）がIRIAFの4人のパイロットの亡命を手引きしました。FTDは当時米空軍の支援集団の援助を受けていて、外国製の軍用装備、主に航空機の獲得と試験を担当していました。この作戦はコードネームを『ナイトハーヴェスト（夜の収穫）』といい、その陰でペンタゴンはアメリカ製航空機、特にF-14Aの整備運用についてイラン軍の能

1986年2月15日、アラーク市の爆撃後間もなくF-14Aの発射したAIM-54Aにより撃墜されたミグ25RB。イラク軍パイロットは無事脱出したが、激昂した市民に殺害された。その死がイラク空軍の第1戦闘偵察飛行隊に報せられると、パイロットたちは復讐を誓った。数ヶ月後、アラークは再びミグ25RBの猛攻を受け、約70名の市民が死亡した。(authors' collection)

力に驚嘆しました。彼らは亡命する覚悟を決めたパイロットを4人見つけました。そのなかにトムキャットパイロットが1人いました。戦争中は私たちの多くが一度やそこら、亡命のことを考えたものです。彼はAIM-54を2発積んだ機で低空を飛行し、イラクへ向かいました。RIOは亡命に猛反対し、パイロットの意図に気づいたあとコクピットでは激しい会話が交わされました」

「アメリカ人たちは我が軍のトムキャットをイラクで待っていました。機体が停止したとたん、CIAのエージェントが周囲を取り囲みました。パイロットは米国の管理下に置かれ、西側への亡命を認められましたが、数年後スイスで何者かに襲われ、射殺されました。RIOはイラク軍に引き渡され、戦争捕虜として1990年まで捕まっていました」

「ファントムIIと同様、そのイランのF-14Aは徹底的に調査されました。その機をイラク国外へ飛ばすことになっていたアメリカ人搭乗員が、到着した状態のまま飛ぶのを拒否したため、技術者がいくつかのシステムを修理することになりました。実際、ファントムIIの1機はひどい状態で、機密装備を取り外してからタリール空軍基地に置き去りにするしかありませんでした。それからすべてのIRIAFマーキングが米軍のスター＆バーマークに塗り直されました」。

「それからその機はサウジアラビアのダフラーンへ本格調査のために飛ばされ、そこで分解されました。アメリカ人の連中は部品をひとつひとつ検証し、多くが米本土での研究用に運び去られました。機体の残りはその後サウジ空軍の爆撃演習場に捨てられて爆破されました。イランのF-14AやAIM-54がソ連の手に渡ったという報告書はデタラメです。何年かあとにミグ29とスホーイ24の訓練教官としてイランに来たソ連の士官たちがイラン軍の戦闘機を飛ばさせてほしいと頼んできた時も、私たちは彼らをF-5にすら近づけさせませんでした。F-14になどもってのほかです」

2ヵ月後の1986年12月7日、ペンタゴンの統合情報グループはCIA、グラマンの技術責任者、米海軍の技術者集団とともに外国技術研究所で2週間にわたる会議を開催した。外国技術研究所は機密度の高いペンタゴンの部局で、通常はFTDと業務を行なっていた。会議ではF-14の部品が134点掲載されたリストに加え、さらにイラン軍トムキャットの実物部品が9箱提示された。会議の目的はイランが交換部品を製造する能力を有するのか否かの判定、もし作られているならばその場所の特定だった。総合的な結論は、「イランはF-14用の交換部品を製造している」だった。

事実、IRIAFの通称「自給自足ジハード隊」とIACI、そして郵便電信電話省の「通信センター」は1982年からF-14の部品の簡易版を製造し始めていた。F-14の初オーバーホールも同年10月に完了していた。数年後にはIRIAFの技術者がAWG-9の一部を半導体電子部品に置き換え始めた。この部品交換により、レーダーユニットはなんと14kgも軽量化された。

当初IRIAFのパイロットは改造された機体を飛ばすのに拒否感を示していたが、現在でもそうした改造を受け入れられない者はいる。搭乗拒否を防ぐため、指揮官と技術スタッフは改造のことをパイロットに告げず、黙ったまま搭乗させるほかなくなった。しかし離陸後に彼らはレーダーの出力や作動モードや周波数を変更するよう求められた。すると搭乗員は自機のAWG-9の出力が増大し、有効範囲が広がったことに驚くのだった。

F-14に関するもうひとつの野心的な計画は、IRIAFの上層部がAIM-54のストックの劣化に関心をもつようになった1984年中盤に開始された。コンパニ将軍がメフディヨウン大佐に命じたのは適切な代替品、できればブラックマーケットで常時在庫のある別の長距離空対空ミサイルシステムを探す調査だった。この調査はIRIAF内部では「ロングファング」として知られ、その結論はイラン国内でも、それ以外の地域でも、まとまった数を調達できるのはMIM-23ホーク地対空ミサイルのみというものだった。イランはこのミサイルを多数保有・運用しており、さらに多くをイスラエル、ギリシャ、台湾、韓国から1987年まで輸入しつづけていた。

この計画の詳細は断片的にしか残っていないが、その実現可能性調査の結果、1985年に「スカイホーク」計画が開始された。推進に当たったのはF-5Eを操縦していた弟をイラク軍に殺されたデルハメド大佐と、ファズィラート少佐だった。両名はIRIAFの技術士官だった。彼らを支援したのはエスファハーンTFB8基地の第82TFSと、ピンカス・シェプムスキー、ダヌータ・ラシュク、アヴラハム・ウェインらの元イスラエル空軍技術者チームだった。

この三人組は1970年代末にイスラエルで「ディスタントサン

トムキャット部隊の稼働率が徐々に落ちていくなか、適格な搭乗員が不足してきたため、IRIAFは新たな搭乗員の養成を1986年に開始せざるをえなくなった。未熟なパイロットとRIOたちはこの複雑な戦闘機とその全システムの操作法を、数で勝るイラク軍編隊との戦闘の真っ只中で文字どおりの「現場訓練」で学ばねばならなかった。写真の雲海上を飛行するF-14A、3-6024は1980年代中盤、ハータミー空軍基地付近での訓練時のもの。(authors' collection)

1984年以降、イラク軍はR-23およびR-24空対空ミサイルを装備したミグ23MLを受領した。これはイラン軍のF-4とF-14、そしてその強力なスパローおよびフェニックスミサイルに対抗可能な戦闘機をとのイラク空軍の要求に応えてのものだった。しかしMLの発展型であるミグ23MSですら、実戦結果は落胆すべきものだった。整備のやや複雑な本機種はレーダーを装備していたが、その兵装はイラン軍が使用する米国製兵器の性能に拮抗できないことが判明した。その損害は甚大だったが、戦果は微々たるものだった。(authors' collection)

ダー」または「ディスタントリーチ」と呼ばれる同種の計画に参加した経験があり、これはイスラエル空軍がAGM-78スタンダード対電波源ミサイルをF-4Eに装備できるようにし、高高度を高速で飛来するミグ25とツポレフ22に対抗可能にする計画だった。この計画はイスラエル空軍がより進歩したAIM-7Fミサイルを装備するF-15イーグルを導入したためキャンセルされた。イスラエル人チームはイランに87日間滞在し、その間1機のF-14Aにしか近づくことを許されなかった。彼らは実弾発射テストへの参加も禁じられた。

MIM-23とF-14はまったく対応性がなかったため、複雑な作業は困難を極めたはずである。しかしさまざまな研究と努力の結果、1986年4月、ついにトムキャットからホークが試射された。しか

1980年代初期から開始された「ナイトハーヴェスト（夜の収穫）」作戦期間中、米国のさまざまな諜報機関がすでに脅威である、あるいは潜在的脅威である国が運用している航空機のサンプルを獲得する方法を見つけるよう命じられた。IRIAFに米国で訓練を受けた人員が多数いたため、イランでは本作戦は大成功をおさめ、誘発された一連の亡命により1986年8月と9月にファントムIIが3機、トムキャット1機がイラクに飛来した。その後イラン軍トムキャットがソ連へ運ばれたという噂が広まったが、これは事実ではなかった。「ナイトハーヴェスト」の成果の証拠が、2003年3月に米軍部隊がイラク南部のタリール空軍基地を接収した際に発見した写真のイラン軍F-4E（おそらく3-6652）の朽ち果てた残骸である。それ以外の亡命ファントムIIの2機と、トムキャット1機はアメリカ人の手でサウジアラビアに運ばれ、その後破壊された。
(US Department of Defense via authors)

しテストでAWG-9のデータリンク能力と、MIM-23のAWG-9レーダーからの信号を変換する能力が不充分なことが判明した。

ホーク（空対空ミサイルとしての新名称は「セジール」）を主翼ショルダーパイロンに搭載できるよう改造された2機のトムキャットで、さらにテストが繰り返された。また実戦でも1発ないし2発が発射に至ったものの、スカイホーク計画は戦後、完全に放棄された。IRIAFはトムキャットの主力長距離兵器としてフェニックスを使用しつづけることになり、ストック劣化問題はその後ほかの方法で解決された。

1980年代初期に「自給自足ジハード隊」の取り組みがあったものの、イランで特殊な機密性の高い部品の生産が始まったのはそれから10年後のことだった。そのためIRIAFのトムキャット部隊は終戦まで交換部品不足に悩まされつづけた。

1987年1月15日にゴラムレザー・アスレダヴタラーブ大尉と氏名不詳のRIOの搭乗するF-14が墜落したのは機械的故障が原因だった可能性がある。同機はフーゼスターン州北部のイゼー付近に墜落し、搭乗員は死亡した。この機が墜落時、戦闘中だったのかは不明である。

イランではF-14部隊を稼働状態に維持するのが大きな問題だったが、1978年末以降、アメリカからほとんど支援を受けることなくこの複雑な航空機を維持し、膨大な戦果を上げていた。IRIAFの「自給自足ジハード隊」、第7および第8戦術戦闘航空団、IACIはトムキャットの整備のために膨大な人的資源を投入した。関係者以外は知るよしもなかったが、その努力が実を結んだのは本機が現在もIRIAFの前線部隊の中核でありつづけている事実からも明らかである。写真はメヘラーバードのIACI複合施設を背にする3-6067。（authors' collection）

写真の第82TFSのF-14A 、3-6073はスカイホーク計画の初期テスト時の撮影。本機はショルダーパイロンにAIM-54の代わりにMIM-23B改良ホークを搭載している。テスト飛行では第13戦闘飛行隊「戦闘教導隊」のF-4EファントムIIがチェイス機を務めた。改良ホークの搭載はメヘラーバード空軍基地で実施され、テストの結果、本ミサイルはショルダーパイロンにしか搭載できないことが判明した。スカイホーク計画の長距離飛翔テストと実弾発射実験はエスファハーン基地で実施された。第13戦闘飛行隊のF-4に加え、第71戦術訓練飛行隊のC-130も本計画に数機参加した。（authors' collection）

F-14からの改良ホーク発射テストにより、高度9,000～1万5,000メートルの目標にミサイルを命中させるには、トムキャットは高度3,000メートル以上をマッハ0.75で飛行しなければならないことが判明した。発射テストは慎重に実施されたはずで、F-14が発射したMIM-23によるイラク軍戦闘機の撃墜申告が2件あるものの、それらは未確認である。
(authors' collection)

1998～99年に西側の出版物に現れたこのような写真はちょっとした驚愕をもたらした。IRIAFはMIM-23をF-14に空対空ミサイルとして導入中とする記事も存在した。実はこれらの写真が撮影されたのは1986年のスカイホーク計画の時だった。IRIAFはセジールを兵器庫に保管していたが、その多くがMIM-23の弾体に誘導システムとM-117爆弾の弾頭を組み合わせたヤーセルに改造された。こちらは胴体前部に搭載された。(authors' collection)

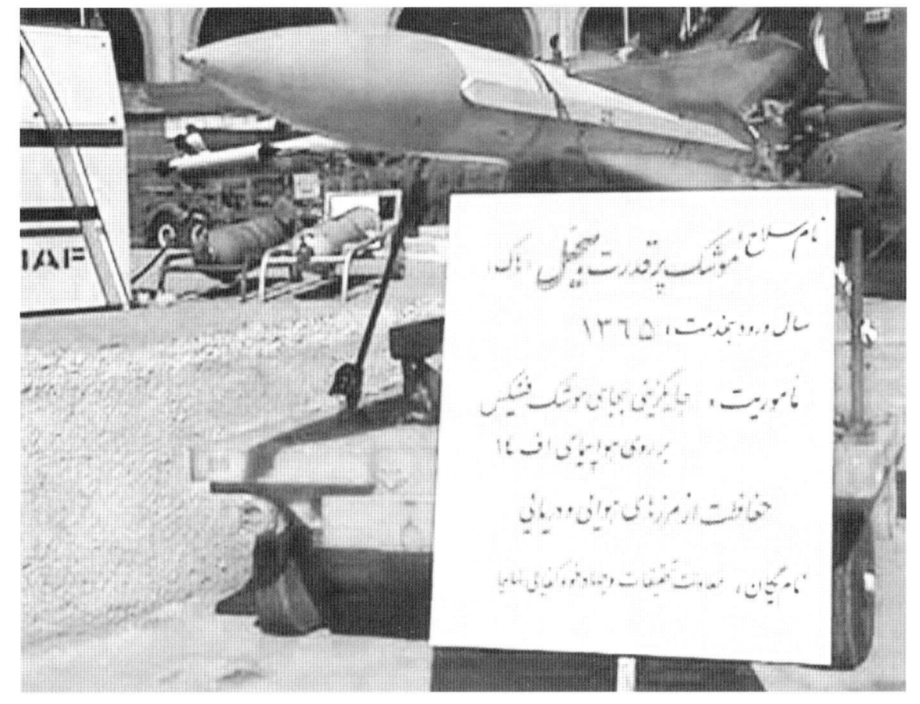

スカイホーク計画は対イラク戦争の終結後間もなく中止された。元IRIAF士官たちによると、AWG-9レーダーと本ミサイルとのデータリンクが弱すぎたため、成功作とはいえなかったという。改良ホークミサイルのAWG-9からのレーダー信号の変換能力も問題だった。にもかかわらず、セジールミサイルの追加試験は1990年代にも実施された。写真は2001年11月にテヘラーンで開催されたIRIAFの「聖なる防衛戦」展で公開された同ミサイル。
(authors' collection)

スカイホーク計画時、テスト飛行を実施するF-14A 、3-6060と3-6079。トムキャット3-6034と3-6073も使用されたが、これらの4機はいずれも第82TFS所属だった。
(authors' collection)

ミグ21RFとミグ25RBに加え、ミラージュF1EQも偵察ポッドを搭載した。写真はCOR-2システムを搭載した機で、これはイラク空軍の主力偵察機材だった。IRIAFが1981年12月にクウェート領のブービヤーン島沖で記録した最初期のミラージュ撃墜にも偵察ポッド装備機が含まれている。(authors' collection)

F-14、ヤッラー！　ヤッラー！

F-14—YALLA! YALLA!

革命による隊員解任にもかかわらず、IRIAFのF-14部隊は1980年10月初めには戦線に復帰した。その後彼らは戦争の全期間にわたって長く激しい戦闘を経験し、終戦までに150回以上の空戦で90機近くのイラク軍ジェット機を撃墜したと申告した。

10月6日、ペルシャ湾南部で第82TFSのF-14Aが単機でミラージュF1EQ-5の2機編隊と交戦し勝利したが、それは1発のエグゾセがギリシャのタンカー、ファローシップ・Lに命中した直後だった。AIM-54Aが1発、ミラージュの1機を破壊し、トムキャットがもう1機のミラージュに接近したところ、そのF1EQ-5が指揮官機の墜落した海の上空を飛行しているのを目撃した。F-14が戦闘のため旋回すると、イラク機はパニックに陥り、海面に突っ込んでしまった。

翌日、A・アフシャール大尉の率いるトムキャット2機がブーシェフルをめざすイラク軍の大規模攻撃隊と激突した。F-14はどちらもAIM-54を搭載していなかったため、代わりにスパローとサイドワインダーで攻撃にあたった。イラク軍機2機が撃墜されたが、トムキャットの1機も尾部に機関砲弾を被弾し、ブーシェフルに緊急着陸した。10月14日にはハールク島の北で単機のF-14がイラク軍機8機を迎撃し、AIM-54Aでミグ23を1機撃墜した。残りの戦闘機は道連れになるのを恐れ、直ちに旋回して帰投した。

こうした活躍にもかかわらず、諸外国の報道はIRIAFとそのF-14を無視しつづけていたとラッシー大尉は憤懣を語った。

「1984年以降、IRIAFは『崩壊』とか『亡んだ』などと報道されてばかりでした。IRIAFは1986年から87年までまったく出撃しなかったという報道までありました。ですがなぜイラク軍が大量のSAMと対空砲を買っているのかの説明はありませんでした。イラクは戦争中に1万8,000発もの大型SAMをソ連とフランスから購入しています。1987年にはバスラ地区だけで60ヶ所以上もSAM基地がありました。脅威がないなら、なぜなのですか？」

アリー少佐があとをついだ。

「1987年以降、ずっと西側の報道は、イラン空軍はすでに機能していないと報じつづけていました。実のところはアメリカ海軍と同じく、私たちのトムキャット部隊でも整備が問題になっていたからです。1987年の稼働率は戦争の全期間中、最低でしたが、それは私たちが出撃しなかったという意味ではありませんよね？　アメリカ人が私たちのトムキャットを整備していた頃でも、F-4より信頼性が低く、必要な整備作業量は多かったのです。F-14Aを適正に維持するには18人から20人の高度な訓練を受けた技術者が必要でしたが、F-4なら7、8人だけで整備は充分でし

対イラク戦争の全期間、IRIAFは常時60機のF-14を作戦可能状態に維持しようと努めたが、これらは3個の部隊とメヘラーバードの1個分遣隊に分散されていた。戦争が長期化すると、この戦力レベルは維持しきれないことが判明し、1986年以降トムキャットの稼働機数は30を少し上回るだけにまで減少し、そのうち完全稼働機は半分だけだった。この稼働機数の大幅な減少により、まだ出撃可能だったトムキャットとその整備員への負担は増したが、その結果、なかには写真の3-6067のように10機を超す撃墜を達成する機も出現した。(authors' collection)

イランの山岳地帯上空でKC-707から給油される3-6027。1987年撮影。AIM-54Aフェニックスミサイルを胴体下面に搭載しているが、サイドワインダーとスパローは未装備なのに注意。このことから本機は「フォックスバット」迎撃任務中と考えられる。ボーイング707-3J9Cと747-2J9Cの給油機型は、IRIAFではそれぞれKC-707とKC-747という制式名称だったが、前線の高速ジェット機搭乗員はこれらを単に「レストラン」と呼んでいた。(authors' collection)

た。戦争のほとんどの期間、イラン空軍には本機種に完璧に対応できる技術者が100人もいませんでした」

「1986年6月には作戦可能なF-14は18機から20機しかなく、そのうちAWG-9が完全に作動するのは半分だけでした。しかし10月から大量の交換部品がアメリカから直接イランに届きはじめ、完全稼働状態のF-14の機数が再び30機から35機ほどに回復しました。1986年から87年の冬の戦闘が激しかったため、1987年の中盤にはこれらの補充部品も底を尽き、稼働機数がまた減少しました。でもこれは私たちが戦闘を停止したという意味ではありません。稼働機が減っても、その分それを長時間飛ばしました。KC-707給油機を使ってのCAP哨戒は12時間継続することもざらで、最長記録は13時間でした」

「しかし多くの者が言うように、私たちの飛行機とAIM-54が使用不能で出撃していなかったのなら、どうやってF-14Aの搭乗員がフェニックスでイラク空軍のヘクマート・アブドゥルカディル准将の息子を撃墜できたのでしょう？　ミラージュF1EQに搭乗していたアフラーン中尉は1987年2月20日にペルシャ湾のイラン石油施設の攻撃に向かう6機のスホーイ22の護衛中に撃墜され、戦死しました。私たちはF-4を1機イラク領空に餌として差し向け、アフラーンと僚機はそれを迎撃しようとしたところで、第81TFSの2機のF-14Aに遭遇したのです」

「トムキャット編隊の指揮官はアミラスラーニ大尉で、かつて第82TFSで教官として高い評価を得ていました。彼は訓練時にイラン上空でAIM-54Aを発射した二、三人目のイラン軍パイロットでしたが、革命で宗教指導者にIIAFから追放されたものの、開戦後に釈放され、部隊に復帰していました。つまりアミラスラーニはこの種の作戦に最適なパイロットでした」

「ミラージュ部隊がまだイラク領空内にいた単機のファントムIIを追跡しはじめた時、アミラスラーニは国境の東側のCAP区域にいました。彼は長長距離からフェニックスを1発発射し、先導機だったアフラーンのミラージュを撃墜しました。イラク軍のスホーイ22編隊の指揮官が無線で叫んでいるのが聞こえました。『エフ・アルバァタ・アシャラ！　ヤッラー！　ヤッラー！』とね。『F-14だ！　逃げろ！　逃げろ！』という意味です。6機のスホーイ全機と生き残りのミラージュ1機がその言葉に従いました。私たちはこの通信を録音しています。実際、私たちはそれ以外にもイラク軍の無線通信を数多く録音しました」

「アメリカ人は私たちをよく訓練してくれましたが、それでも私たちが飛んでいなかったと言ってるんです。でも飛んでいなかったのなら、どうしてイラク軍はF-14から逃げ去ったのでしょう？

イラン軍のファントムIIとトムキャットは戦争中、最大限に協同して作戦を行なった。従来の文献にはトムキャットがF-4のために「餌」になったと書かれていたが、その役は後者なのが普通で、F-14がハンターを務めていた。この戦術は1987年2月20日に実施されて大成功し、「餌」として出現したIRIAFのF-4EファントムIIを追跡中だったアフラーン中尉がAIM-54Aで撃墜された。(Dassault via authors)

答えはひとつだけです。逃げなければ、死ぬからです」。

イラン軍はこの日、3機のイラク軍ミラージュF1を撃墜し、さらに数機を撃破したと公式発表している。この交戦区域上空でサウジ軍のヘリコプター隊が捜索救難任務を実施していたと、IRIAFパイロットたちはのちに報告している。数日後、バグダード訪問から帰国したばかりの米国連邦議会議員ロバート・トリチェリは、過去2ヶ月間でイラク空軍は保有機の10%を失ったと語った。

さらに3月、6月、7月、8月に激しい空戦が発生し、F-14部隊はミグ23を1機、ミラージュ数機、スホーイ22を1機、エグゾセミサイル1発、シュペルフルロン・ヘリコプター1機を撃墜した。しかし1987年7月14日にトムキャット部隊は1機を喪失した。これはアリーレザー・ビタラフ少佐が搭乗するF-14Aで、少なくとも12機のイラク軍機との戦闘中に撃墜された。

同機が失われた状況の詳細は不明だが、ビタラフ機はペルシャ湾上空で空戦中にエンジンストールを起こし、それにより低空で回復不可能な水平スピンに入ったとする資料もある。TF30の抱えていた問題を考えれば、これはありうるが、ビタラフはこの種の状況に対処できるはずの熟練トムキャット操縦者だった。また別の資料によれば、彼のF-14はテスト飛行から戻る途中、燃料システムに故障が発生し、エスファハーン東方の道路に緊急着陸しようとしたが墜落したという。

1987年8月29日、ジャリール・ザンディー少佐がペルシャ湾南部でミラージュF1EQ-5を1機撃墜した。脱出したパイロットは米海軍艦艇に救助された。2日後、さらに1機のミラージュが撃墜され、ほかに1機が撃破された。火災を起こした損傷機は黒煙を曳きながら戦域から離脱したが、それは石油タンカー『ビッグオレンジ14』が撃沈されたあとだった。同日、イラクに帰還するためクウェート領空を通過しようとしたイラク空軍機がクウェート軍防空部隊に1機撃墜されたと、イラン軍情報部は発表している。

これらの損失と米国政府がバグダードにかけた圧力により、イラク軍はペルシャ湾での超巨大タンカーへの攻撃を再び中止した。攻撃は1ヶ月近く止んだ。

米海軍とサウジ軍との連携を改善すると、イラク軍は9月末から10月にかけてハールク島からララク島までの海域で多数の船舶を攻撃した。アントノフ12BP給油機を2機使用することにより、イラク軍のミラージュF1EQ-5はクウェート上空を通過後、サウジの海岸沿いに飛行し、ペルシャ湾の奥深くまで到達できるようになった。

サウジアラビアを拠点とする米空軍のAWACS機と、本海域を哨戒する米海軍艦艇のおかげで、イラク空軍は比較的安全になった。IRIAF戦闘機をレーダーで探知すると、両者がイラク空軍機パイロットに警告してくれたためである。また緊急時にはイラク軍機はダーラン近郊のキング・アブドゥルアズィーズ空軍基地に代替着陸後、再給油してからイラクへ帰還することも許可された。

その結果、迎撃にあたっていたイラン軍F-14パイロットたちは敵機を探知できないか、できても彼らが兵装を投棄して大急ぎで南や西へ離脱し、イラクに引き揚げるのを見送るだけになってしまった。

イラク軍機がカタールを通過して南方へ大きく進出後、変針してララク島やホルムズ島のイランの石油施設を攻撃したケースが少なくとも2件あった。こうしてイラン軍の防空体制を完全に出し抜くことが可能になった。トムキャットの分遣隊がブーシェフルで急遽編成され、これらの地域でもCAP哨戒を開始した。

稼働率を落としていたIRIAFのF-14部隊は今や薄く分散され、ペルシャ湾各地の重要な戦略区域のすべてを防御することは到底不可能になっていた。

アリーレザー・ビタラフ少佐とそのRIOは1987年7月14日、少なくとも12機のイラク軍戦闘機との戦闘中に戦死したが、その死の真相は現在も不明である。(authors' collection)

1986年にイラク軍はペルシャ湾のイラン石油リグをエグゾセミサイルで攻撃し始めた。米軍もこれに1987年10月から加担するようになったが、それは「タンカー戦争」でのイラン軍の船舶攻撃に対する「報復」という形をとるのが普通だった。写真は同年、米海軍艦艇に砲撃された石油リグ。

第5章

ウィーゼル撃破

CRIPPLING THE WEASEL

対イラク戦争でイラン軍航空隊員が戦ったのはイラク人だけではなく、それ以外の国のパイロットもいた。数度にわたりエジプト人パイロットがイラク空軍のミグ21やミグ23を飛ばしたことが知られており、さらに1985～86年にかけて、ベルギー人、南アフリカ人、オーストラリア人らに加え、アメリカ人1名がミラージュF1EQで飛行している。これ以外にもフランス人とヨルダン人のパイロットが教官を務めており、実戦で飛行した者もいたが、戦闘行為を行なわなかったのは確かである。

上記以外にも、イラク軍のミグ25作戦に参加したソ連軍と東ドイツ軍の人員がいた。モスクワのロシア国防省公文書館は1980年代以降の関係文書を未だに公開していない。これらが公開されれば、イラン・イラク戦争に関与したソ連軍事顧問団の全容が判明するはずだが、詳細はほかの資料からでも把握可能である。興味深いことにイラクに駐留したソ連軍パイロットに関する報告書の大半に、彼らが頻繁にF-14と遭遇し、その結果何名かのロシア人が撃墜されたと書かれている。このような任務に抜擢されたソ連軍パイロットは選りすぐりの熟練者のみだったはずである。

大規模なソ連軍事顧問団がイラクに来はじめたのは1970年代で、その頃モスクワはイランと米国の密接な同盟関係に対抗すべく、この地域で政治的な影響力を確立しようとしていた。その目論見はバグダードに君臨していた政権により挫折したものの、1978年にイラク空軍がソ連に発注した数百機もの戦闘用航空機の運用支援のため、さらに多くの教官がイラクへ派遣された。

ソ連とイラクの関係が冷却すると、ソ連は1981年以降、実戦テストのために最新装備をイラクへ送り込み始めた。1985年3月にイラクに到着したKh-29T/L空対地ミサイルを装備するミグ27もそうしたシステムのひとつだった。イラン軍がイラク深部へ進撃し、バスラとアルアマーラを結ぶ幹線道路6号を遮断した「ファティマ・ザフラ」攻勢に対するイラク軍の逆襲で、これらのミグは支援作戦に頻繁に参加した。

ソ連軍のミグ27分遣隊は10名のパイロットとほぼ同数の機体で編成されていた。毎日2戦闘ソーティを実施して、彼らはイラン軍陣地をKh-29で徹底的に攻撃した。例によってイラン軍はこの新たな脅威に速やかに反応し、迎撃機をこの地域に配置してミグを待ち伏せるようになった。作戦は当初成功し、3機のソ連軍人搭乗ミグがAIM-54で撃墜され、4機目がF-4Eの発射したAIM-9Pで仕留められた。フェニックスミサイルで撃墜された機のパイロットは全員戦死したが、4機目の搭乗員はイラク空軍戦闘機

エスファハーン上空で訓練飛行を行なうF-14A、3-6061。1986～87年頃。数年間の中断後、6年間の激しい戦闘により搭乗員の補充が急務となったIRIAFが新たなトムキャット搭乗員の養成を開始したのはこの時期だった。戦死または退役したパイロットもいたものの、生存者の大半は疲労の極限に達していた。にもかかわらず、テヘラーンの政権は「シャー寄り」のパイロットたちに新人を訓練させることを思想的な影響を恐れて躊躇していた。戦歴を徹底的に調査された教官たちは、新人たちにその膨大な経験を伝授するべく心血を注いだ。その一方で歴戦のパイロットとしても戦闘をつづけ、1987年2月21日から27日までにペルシャ湾上空で発生した2件の戦闘で5機ものイラク軍ミラージュを撃墜した。(authors' collection)

画質が悪いが、1986年に撮影されたこの3-6020の写真からイラン軍が「ボムキャット」構想を米海軍よりも数年前にテストしていたことがわかり、興味深い。このF-14が下面に搭載しているのはMk.83爆弾2発である。貴重なトムキャットをイラクの対空兵器にさらすことに慎重だったIRIAFは、その爆弾搭載能力を使用する機会をイラン・イラク国境の重要目標の攻撃などに限定した。3-6020はイラン軍の全F-14Aでも屈指の撃墜数を誇っている。1981年5月15日のミグ21の1機撃墜とミグ25RBへの至近弾をはじめ、本機はそれ以外に10数機を撃墜し、加えて「ボムキャット」計画にも参加した。本機は戦争を生き抜き、メヘラーバードのIACIでの本格オーバーホール後、新型迷彩をまとったIRIAF初のF-14Aとなった。
(authors' collection)

12機とイラク陸軍航空隊ヘリコプター20機が参加した戦闘間捜索救難作戦により救出された。このソ連軍部隊は直ちに本国へ帰還した。

ソ連軍がイラクで活発にテストしていたもうひとつの機種がミグ25BMだった。これは「フォックスバット」の「ワイルドウィーズル」型で、数機が1986年に数週間、H-3基地に配備された。この部隊についてはほとんど不明だが、その1機が高高度を最大速度でイラク国境を越えて帰投しようとしていたところ、あるF-14Aのフェニックスにより撃墜された直後に活動を停止したことだけが判明している。

1987年11月、ミグ25BMに第二のチャンスがあたえられた。第98および第164偵察航空団のパイロットと新品の4機が、130名の技術者、支援機材、交換部品とともにH-3基地に配備された。本機の使用兵装はKh-58U（AS-11）およびKh-25MP（AS-12）対電波源ミサイル（ARM）だった。この配備の目的はミグ25BMのECMシステムがIRIAFのF-14に通用するかの検証と、Kh-58Uをイラン軍のMIM-23B発射基地に試用することだった。

最初の作戦は11月8日夜にサーマッラー空軍基地を発進した「フォックスバット」部隊によるメヘラーバード空軍基地への攻撃で、当時同基地は2ヵ所のMIM-23B改良ホーク地対空ミサイル陣地によって守備されていた。同基地にはフェニックスを装備するF-14Aも15機配備されていた。この日と翌日に実施された作戦は、全機がソ連パイロット搭乗機で、成功とされた。ミグ25BMは最大高度2万1,000メートルを妨害されずに飛行できることを実証し、メヘラーバード付近のイラン軍レーダー基地を少なくとも1ヶ所破壊した。しかし11月11日夜の三度目の攻撃は異なる結果に終わった。

イラン領空に侵入後間もなく、そのミグ25BMは1機のF-14に迎撃され、激しいジャミングにもかかわらず1発のAIM-54がHOJ（妨害電波源追尾）モードで発射された。ミサイルの誘導は完璧だったが、弾頭が不発だった。にもかかわらずフェニックスは目標の垂直尾翼を切り裂き、ソ連軍パイロットはイラク領内の最寄りの飛行場に胴体着陸を強いられ、その際機体が大破した。ソヴィエト政府と空軍はこの結果に狼狽し、アメリカの偵察衛星に丸見えだった「フォックスバット」の残骸はイリューシン76輸送機に積み込まれ、ソ連へ運ばれた。4日後、H-3基地のソ連軍要員は荷物をまとめると去っていった。

しかしミグ25BMは1988年7月にイラクへ戻ってきた。今回の任務は改良されたKh-58UとKh-31対電波源ミサイルをイラン軍のウェスティングハウスADS-4低周波長距離早期警戒レーダーに対してテストすることだった。ハマダーン近郊のスバシー早期警戒レーダー基地に対する作戦が少なくとも1回成功し、2発のミサイルがレーダーを破壊し、多数の熟練要員が死傷した。

フーゼスターン州の防衛

DEFENDING KHUZESTAN

1987年11月、ソ連軍のミグ25BMのテストと同時に、イラク空軍はフーゼスターン州各地のイラン空軍基地に対する航空攻勢を開始した。これは終戦までつづくことになる熾烈な航空戦の幕開けとなり、双方に多大な損害をもたらすこととなった。

例えば11月15日、アファハミー少佐の操縦するF-14Aがペルシャ湾の北方のガックサラン上空でミラージュF1EQの編隊を迎撃している。彼はAIM-7による撃墜1機と撃破1機を申告した。IRIAFは現在も不明な何らかの理由により彼に2機確実撃墜を認定し、アファハミーの撃墜数は確実5機と未確認2機の計7機となった。アファハミーは第8戦術戦闘航空団では「頼りになる」パイロットとして知られ、また、部下に任務を遂行するよう厳しく求める指揮官でもあった。

IRIAFのF-14A部隊の稼働率がこれまでで最低になったのはこの時期で、完全稼働状態の機が平均15機にまで減少してしまった。これ以外に20機が飛行は可能だったものの、AWG-9が使用不能だった。AIM-54のストックも減り、慢性的な熱電池不足により使用可能弾は50発を切っていた。この電池はアメリカでしか購入できなかったが、イラン軍がようやく見つけたそれを調達できる闇商人は1個あたり1万ドルも請求した。その次にAIM-54用の熱電池がイランに到着したのは1990年になってからだった。

数少ない稼働トムキャットとAIM-54は慎重に温存しなければならなくなり、ハールク島やテヘランなどの重要戦略地点の防衛にのみ使用されることになった。また米海軍がペルシャ湾とオマーン海で存在感を増すのにともない、イラン軍はそのトムキャット、特に完全稼働状態だった機をバンダレアッバースへ数機分遣しなければならなくなり、さらに戦力が分散してしまった。イラク空軍が「最後の一撃」をハールク島とその施設を使用する超巨大タンカーへ加えることにしたのはこの時だったとアリー少佐は語った。

「1988年2月のイラク空軍は非常に活発で、イランのタンカーを何度も攻撃しました。それから彼らはイランの石油輸出の要だったハールク島とペルシャ湾奥のその他の施設へ同時攻撃を仕掛けはじめ、状況は厳しさを増しました。イランのタンカーへの攻撃はかなりの隻数があったので無意味でしたが、ハールク島やララク島などの石油積み込み施設への攻撃はこたえました」

イラク空軍が新たに編成した第115飛行隊はミラージュF1EQ-6を12機、初装備すると、ペルシャ湾でトムキャットに挑戦を開始し、第81TFSに対して小さな戦争のような様相を呈していた。この型のミラージュは戦争中にトムキャットが遭遇したもっとも危険な敵となった。本機はマトラ・シュペル530D中距離空対空ミサイルも使用可能な最新型のシラノIVレーダーを装備していた。このミサイルは本来ミラージュ2000用に開発され、1988年1月に30発もの試作弾が、「全方位」能力を備えた改良型のマトラR550マジックMk.IIミサイル80発とともに秘密裏にイラクに提供された。イラク軍はAWG-9に対抗するために新型のECMシステムも導入していたとジャヴァード大尉は説明してくれた。

「イラク軍とフランス軍とソ連軍がAWG-9をジャミングしようとあらゆる手段を試したことからも、どれほど彼らがトムキャットを恐れていたかがわかります。欺瞞妨害、広帯域雑音妨害、狭帯域連続波妨害、過負荷妨害と、次から次へとシステムを試してきましたが、どれも効きませんでした」

「AWG-9の耐性をそこまで高めていたのは、高い基本レーダー周波数と、周波数切り替えの素早さでした。もし敵がジャミングしてくれば、私たちは周波数を変更するだけで、あとはレーダーが自分で正確な走査パターンに適合しない信号を排除します。問題が起こることは滅多になく、たとえ起きても大抵それはAIM-7を使用しようとした時でした。AIM-54はどんなECMに対しても脆弱性を見せませんでした」

イランへミラージュF1を売り込もうとするフランスの努力が繰り返されたため、IRIAFは同機の能力やシュペル530D/Fミサイルなどの兵装の性能について熟知していた。そのおかげでトムキャット搭乗員たちは同機を難なくあしらえた。

しかし増えつづけるペルシャ湾内での米海軍の艦艇と航空機によるイラク軍への作戦支援に対応するのは、これよりも難しかった。アメリカ軍はイラク空軍へ目標情報を提供するだけでなく、IRIAF戦闘機の存在をイラク軍パイロットに警告したり、イラン軍の早期警戒レーダーを妨害したりすることもよくあった。このためイラン軍は自国の船舶や施設への攻撃を防ぐのが困難になった。

この時期最初の大規模な戦闘が起こったのは1988年2月9日0930時、コフギールーイェのIRIAF早期警戒レーダー基地が、ハールク島へ向かっていたタンカー船団へ接近するイラク軍戦闘機隊を探知した時だった。直ちに2機のF-14Aが緊急発進したが、

1987年から1988年初めにかけて、イラク空軍は国境沿いに住むイランの民間人に対して無差別攻撃を実施した。多くの市町村が爆弾とミサイルで攻撃された。写真はイラン北部のミーアーネの小学校で、1988年のイラク軍による攻撃で少なくとも1発の直撃弾を受け、教師と児童60名以上が死亡した。こうした攻撃ののち、1979年の革命以来イラン新政権から無視されていたIRIAFは、宗教指導者層だけでなく世論からも国境の町を守れという強い圧力を受けることになった。
(authors' collection)

その1機に搭乗していたのがギヤーシ中尉（現大佐）だった。彼は開戦後にイランで訓練されたIRIAFのF-14搭乗員第1期生を首席で修了したパイロットだった。

イラク軍と会敵したトムキャットはギヤーシ機だけだったが、それで十分だった。地上迎撃管制官はパイロットを南へ誘導すると、RIOにその地域をAWG-9で走査するよう指示した。6機のミラージュが探知され、1011時に戦闘が開始された。ギヤーシが最初のスパローを距離10kmから発射すると、AIM-7E-4は完璧に誘導されてF1EQ-5を直撃し、火ダルマにして叩き墜とした。彼はさらに2機のミラージュが左右から接近してくるのに気づいた。彼らは降下して高度を下げると、右へ急旋回した。両機は洋上作戦用のダークシーグレー迷彩からミラージュ F1EQ-5と識別された。

イラク機の後方へ回り込んだギヤーシは、その1機が左へ切り返して自機の尾部をF-14にさらすという致命的なミスを犯したのを見逃さなかった。数秒後、ギヤーシはサイドワインダーを1発発射しようとしたが、そのミサイルは故障してしまった。別のAIM-9Pを選択した彼は、それがミラージュの排気口へまっすぐ向かうのを見て、勝利を確信した。フランス製戦闘機は木っ端微塵になった。

空中給油機の支援を受けずに空戦をしていたため、ここでギヤーシはブーシェフルへ戻ることにした。1時間後、同じ搭乗員は再び緊急発進し、高度6,000メートルでAWG-9による広域走査を数回繰り返したが、何も発見できなかった。そこで南東へ戻ったところ、距離16kmに2機の敵機を探知した。今度もAIM-54で戦う時間はなかったため、ギヤーシはアフターバーナーを選択すると、イラク軍編隊へまっすぐ降下していった。

単機のトムキャットを発見したイラク軍ミラージュ F1編隊は四方へ散開し、海上を低高度で高速飛行することで追跡者を振り切ろうとした。しかしこの機動は失敗に終わり、F-14はたった一度の旋回で彼らの後方へ着いてしまった。1242時にギヤーシはAIM-9Pを1発発射したが、別のミラージュ 1機に後方に迫られたため離脱を強いられ、攻撃の結果を見届けられなかった。さらに数回旋回して後方にもうミラージュがいないことを確認すると、ギヤーシは先ほどサイドワインダーを発射した地点へ戻った。海上には燃える残骸だけがあり、周辺にいた船団の水兵たちが彼の撃墜を確認していた。ギヤーシは今回の戦果に対して金貨5枚の報奨を授与されたが、彼はそれを戦費として献納した。

この戦闘は戦争中イランで公表された数少ない空戦のひとつであり、珍しく搭乗員のテレビインタビューまであった。この勝利は当時の西側では信用されず、IRIAFのF-14が今も作戦可能であり、そのパイロットたちがこれほどの戦果を上げていることを信じた専門家はごく少数だった。しかしこれは1988年初期に連続的に発生した戦闘のたったひとつでしかなかった。

イラン軍戦闘機パイロットから絶賛されたF-14Aのコクピットからの優れた視界がよくわかる3-6067の写真。空戦では航空機の周囲をはっきり目視できる能力は重要で、特に単機または2機編隊のF-14がはるかに大規模なイラク軍編隊と交戦する場合はなおさらだった。3-6067はそうした戦闘を幾度も経験し、少なくとも11機を撃墜したと認定されている。受油プローブが展開状態のこの写真は1980年代末にテヘラーンで開催された展示会での撮影。
(authors' collection)

ハンター狩り
HUNTING THE HUNTERS

ミラージュ2機の損失にもかかわらず、イラク空軍のF1EQは数日後には攻撃目標の捜索を再開し、2月15日には2機がシッリー島の石油積み出しターミナルを攻撃した。攻撃が付近の米海軍艦艇に支援され、参加機が高性能の後方警戒レーダーを装備していたにもかかわらず、両機のパイロットは第81TFWの単機のF-14Aによって隙を突かれた。超長距離から発射された1発のフェニックスがミラージュを1機撃墜した。

伝説的なイラン軍F-14パイロット、A・ラフナヴァード少佐は1988年2月に集中的に撃墜数を伸ばした。やはり「シャーのパイロット」だった彼はF-4、F-5、F-14、C-130の操縦資格をもち、革命の翌年に第81TFWを襲った粛清をからくも生き延びていた。ラフナヴァードは戦争中、主にファントムIIとトムキャットを飛ばしていたが、当初はこれらの機に機上兵装管制士官／RIOとしてしか搭乗を認められていなかった。しかし優れたF-14パイロットの需要が1986年末に高まると、彼は前席へ戻ることを許可された。同僚から非常に優れたトムキャットパイロットと見なされていたものの、ラフナヴァードはついに「エース」にはならなかったが、それでも彼はIRIAFでは「第一人者（トップガン）」と考えられていた。彼が尊敬されていたのは撃墜数だけではなく、その元同僚たちの言葉によれば、「どんな困難にでも立ち向かう不撓不屈の精神」のためだった。

1988年2月16日、ラフナヴァードがF-14A単機でハールク島の西約23kmをCAP哨戒していたところ、RIOが4機のイラク軍戦闘機が2個編隊で彼の機へまっすぐ向かって来るのを探知した。編隊が別々の方向から同時に接近してくるのを見たラフナヴァードは、敵がIRIAFのトムキャットを圧倒するためのイラク軍式定石戦法を取っているのに気づいた。敵機が攻撃の詰めに入る前に、彼はスパローを1発発射して先手を打った。しかしミサイルの初弾は故障し、海上に落下した。

残りのAIM-7もおそらく使い物にならないと感じたラフナヴァードは、今度は「HEAT」を選択した。上昇後、太陽を背に急降下した彼は一番近くにいたミラージュのペアの後方に喰らいついた。良好なトーンを耳にすると、ラフナヴァードはサイドワインダーを1発発射し、敵機がまばゆい火球になるのを見つめた。

列機を1機失ったものの、ミラージュ隊は進出する攻撃隊からトムキャットを引き離すという自己の任務を達成したのだった。それから数秒後、攻撃隊がハールク島周辺のIRIAF防空地帯に突入した。もはや打つ手はまずないと悟ると、ラフナヴァードは北へ引き揚げ、待機していたKC-707から給油を受けた。彼の手元には機能するサイドワインダーがまだ3発あったので、それを活用することにした。

ハールク島上空でイラク軍編隊は防空キリングゾーンにまっすぐ突入すると、先頭のミラージュF1EQがMIM-23Bで撃墜された。イラク空軍パイロットたちは果敢に攻撃し、正確に爆弾を投下した。しかし彼らが帰投を開始した頃、ラフナヴァードは低空を高速で一路南下していた。再びイラク軍と遭遇すると、彼はF1の1機を後方からAIM-9Pで攻撃した。当初ミサイルが海面へ向かっているのを見てはらはらしたラフナヴァードだったが、ミサイルが目標を捉え、その胴体後部に命中してこれを海中に叩き込むと高揚感が彼を包んだ。この損失後、イラク空軍が再びハールク島を攻撃したのは9日後のことだった。しかしそこにはF-14が待ち構えていた。

2月25日1855時、G・エスマエリ大尉がイラク軍の西安（シーアン）B-6D爆撃機を迎撃した時、その機はC601対艦ミサイルをイラン軍艦艇に発射した直後だった。エスマエリとRIOはAIM-54Aを2発連続発射し、B-6DとC601の両方を撃墜した。

1988年2月は第81TFSにとって大戦果の月となった。同飛行隊のパイロットにはミラージュF1EQ5／6の確実撃墜5機と未確認撃墜2機に加え、このB-6D撃墜が認定された。未確認撃墜2機が記録されたのは、同飛行隊がこの戦争における初の被撃墜機を出した空戦でだった。IRIAF屈指のエース、ジャリール・ザンディー少佐は8機のミラージュを相手に激しい戦闘を展開し、2機に命中弾をあたえたが（搭乗員にサイドワインダーを追尾する時間がなかったため、撃墜の成否は不明）、乗機のトムキャットにR550数発とシュペル530Dを1発被弾した。それでも彼はひどく損傷した自機を戦闘から離脱させてイランへ向かったが、残りのエンジンも停止したため脱出を強いられた。

これがザンディーの戦争中最後のソーティとなったが、この時点までに彼は確実撃墜9機と未確認撃墜3機を認定されており、この戦争で最多撃墜数を誇るF-14パイロットとなっていた。革命前からのトムキャット乗りだったにもかかわらず、ザンディーは戦後もIRIAFで輝かしい軍歴を継続することになった。彼は2001年に中将として退役したが、それから間もなく心臓麻痺で亡くなった。

1987年秋、中国製の西安B-6D爆撃機（ツポレフ16のライセンス生産機）4機がイラク空軍の第8爆撃飛行隊に配備された。C601対艦ミサイルを装備し、究極の「タンカーハンター」の異名をもつ同機は1988年初めから活動を開始した。ペルシャ湾南部の商業航路を哨戒し、ホルムズ海峡までタンカーに脅威をあたえたB-6Dは手ごわい標的であることが判明した。しかし1988年2月25日に1機がF-14Aに撃墜されると、この機がバーレーンより先に進出することはなくなった。
(authors' collection)

フェニックスの活躍
PHOENIX AT WORK

第81TFSは1988年2月にも撃墜数を伸ばしたが、その月最初の撃墜を記録したのは第82TFSで、1日にイラン西部での戦闘でスホーイ20を1機撃墜した。撃墜されたイラク軍パイロット、サミール・ナジー・ノサイーフ中尉は捕虜になった。18日には第81TFSのF-14Aがペルシャ湾上空で米海軍の艦艇数隻が見つめる前でミラージュ F1EQ-5を1機撃墜した。同飛行隊は翌日に最大の戦果を上げることになったが、その日イラク空軍はハールク島からブーシェフルまでの海域は「絶好の標的」にあふれた「射的場」のようだという米海軍の報告に気を強くし、ハールク島からのイランの石油輸出を断とうと未曾有の規模の攻撃を仕掛けていた。

3月19日0100時頃、4機のツポレフ22Bと6機のミラージュからなるイラク軍の第1波がバスラ近郊のショアイバ空軍基地を離陸した。この攻撃は大きな被害をもたらした。2機のミラージュが発射したエグゾセがタンカー『キルニコス』の居住区画に2発命中し、大きく損傷した同船はララク島への曳航帰還を強いられた。その32分後、カイマンECMポッドを装備した護衛のミラージュによる強力なジャミングに支援されたツポレフ22「ブラインダー」編隊が各機12発のFAB-500爆弾で攻撃を加えた。

爆撃機隊は同島上空に何の前触れもなく到着し、31万6,398トンの超巨大タンカー『アヴァイ』に命中弾数発をあたえ、大火災を発生させた。大規模な爆発により巨大な船体が引き裂かれ、乗組員22名が死亡した。付近にいた25万3,837トンの『サナンダジュ』も同様の精度で命中弾を受けた。同船は内部を焼き尽くされ、乗組員26名が犠牲になった。IRIAFの迎撃機がブーシェフルから1機も緊急発進しないうちに、「ブラインダー」編隊は姿を消した。

付近を遊弋していた米海軍の艦艇がこの攻撃を観察し、作戦は順調に遂行されたと報告している。しかしそれを目撃したアメリカ軍士官にはイラク軍の作戦は「本質的に遺憾」とする者もおり、同海域の艦艇はイラク軍への支援を停止するよう命令された。この命令が発令されたのは2機のツポレフ22B、4機のミグ25RB、6機のミグ23BK、2機のスホーイ22M4-Kからなるイラク空軍の第2波が北西からハールク島へ接近している最中だった。今回はIRIAFの2機のF-14Aが南東から、2機のF-4Eが南からハールク島に向かっていた。

これらの航空機がその日の朝0932時にハールク島上空で遭遇した際に起きた戦闘は、正確な詳細は今も不明ながら、イラク空軍にとってまったくの大災厄としか言いようがなかった。F-14の搭乗員たちはペアで見事に連携したが、それらの機体が作戦可能状態だったのは幸運だった。米海軍の艦艇はAIM-54が数発発射され、少なくともツポレフ22Bが1機、ミグ25RBが1機撃墜されたと記録している。数分後、F-4E部隊がさらに1機のツポレフ22BをAIM-7Eで撃墜した。これ以外にもイラク軍爆撃機が撃墜された可能性はあるが、現在も未確認である。

トムキャット隊がイラク軍爆撃機隊とハールク島のはるか上空で交戦していた頃、低空ではミグ23とスホーイ22が攻撃を本格化させていた。警報を受け戦闘準備を整えていた唯一のMIM-23B地対空ミサイル基地が5～6発のホークを連続発射し、その後それが少なくともミグ1機とスホーイ1機を30秒間隔で撃墜し

イラク空軍第10混成爆撃航空団第7爆撃飛行隊のツポレフ22Bで、写真はソ連での再整備後のもの。ミラージュやミグ25に加え、トムキャットパイロットたちはイラク軍のツポレフ22との戦闘を待ち望んでいた。しかしその機会は少なく、戦争の最初の4年間でF-14に撃墜されたこの高速の高性能爆撃機はわずか3機だった。トムキャット部隊による戦争中最後となったツポレフ22Bの4機目の撃墜は1988年3月18日に第8航空団パイロットにより申告されたが、これはイラク空軍で「戦略旅団」の異名で知られていた第10爆撃飛行隊へのとどめの一撃となった。(authors' collection)

飛行前点検を完了するIRIAFのF-14A搭乗員。1988年初め。左主翼ショルダーパイロンに装備されたAIM-9Pサイドワインダーと、そのすぐ下のAIM-7E-4スパローに注意。AIM-9は戦争中、最良の短距離空対空ミサイルと称されたが、イラン軍のAIM-7についての経験はヴェトナム戦争中の米軍パイロットと同様で、スパローはちゃんと作動することもあれば、まったく動かない場合もあったという。しかし米軍パイロットとは異なり、イラン軍ではAIM-7をドッグファイトで使用することはまったくなかった。スパローは中距離戦闘のみで使われ、距離12km以上でしか発射されなかった。AIM-7の性能を高く評価しないパイロットは多かったが、注意深く取り扱い、正確な飛行前点検をすることで命中率は20%を上回るようになった。これはヴェトナム戦争時の2倍だった。(authors' collection)

1987年秋、イラク空軍はスホーイ22UM3-K/M-4K戦闘爆撃機の導入を開始した。これは精密誘導爆弾も使用可能なこの優秀機の最初の型で、その主要任務はSEAD(敵防空網制圧)だった。本機種はイラン軍迎撃機により多くの損害を出したが、F-4とF-5のレーダーを妨害できることを実証し、MIM-23地対空ミサイル基地をAh-28/AS-9対電波源ミサイルで攻撃した。写真手前が同ミサイル。F-14はあらゆるイラク軍のSEAD機に問題なく対抗でき、AIM-54でソ連パイロット操縦のミグ25BMを2機も撃墜している。(authors' collection)

戦争の最後の年、イラン軍トムキャットにとって最大の脅威はイラク軍のミラージュだった（写真はF1EQ-6、4622）。戦争末期のイラク軍ミラージュパイロットの多くがフランス人による訓練を受け、高いレベルの実戦経験をもっていたことをIRIAFパイロットは知っていた。しかしF-14との度重なる戦闘により、イラク空軍パイロットは経験を積み、勇猛果敢なだけでは不充分なことを学んだ。イラン軍のF-14により30機のミラージュF1EQと1機のミラージュ5が撃墜されたのに対し、トムキャットの損害は3機だった。（authors' collection）

ていたのが確認された。

複数の超巨大タンカーが失われたこの攻撃は、「タンカー戦争」全期間を通じ、両軍にまぎれもなく最大の損害をもたらした。イラク軍はペルシャ湾南部へ原油を輸送し、顧客の船に積み込んでいたイラン最大級の船舶を2隻撃沈した。それによりイランの石油輸出に大きな停滞が生じた。一方イラク空軍はまたしても石油施設の破壊に失敗しただけでなく、少なくともツポレフ22Bを2機、そしてミグ25RB、ミグ23BK、スホーイ22M-4Kを各1機、かけがえのない搭乗員とともに失ったのだった。

イラク空軍の第1戦闘偵察飛行隊も短期間にさらに2機を失った。3月20日、4機のミグがイラン領空に侵入し、2個の2機編隊に分かれた。1412時に2機の「フォックスバット」がボルージェルドに到達したが、もう2機は8分後にハマダーンを爆撃し、民間人25名が死亡、46名が負傷した。しかしその2分前、ボルージェルド近郊で帰投しようと旋回中だったミグの1機が撃墜された。3月22日には2機のミグ25RBがタブリーズを爆撃した。さらに1機が1630時に撃墜され、同市を囲む山地に墜落した。最後に24日にミラージュ1機が撃墜された。

イラン・イラク戦争の終結が近づいていたにもかかわらず、航空作戦が減る気配はなかったとアリー少佐は語っている。

「西側とイラクは、イランには作戦可能なトムキャットは事実上存在せず、あってもせいぜい十数機だろうと主張していましたが、1988年の2月から7月にかけて私たちとイラク軍のミラージュF1EQ-5/6部隊とのあいだに『小さな戦争』のようなものが起こりました。戦争のほとんどの期間、イラク軍は逃げてばかりでしたが、このF1パイロットたちは私たちに正面勝負を挑んできました。彼らはソ連とフランスでしっかり訓練を受け、戦争中、私が遭遇したなかでもっとも戦意旺盛でした。彼らの戦術は確かで、攻撃はうまく計画されていました」

「そのF1EQ-5/6は彼らがこれまでに手にした最高の戦闘機で、性能的にはわれわれのF-4に、特に新型兵装の面で匹敵しうるものでした。イラク軍最高のパイロットでもわれわれの平均以下だったので、彼らを恐れはしませんでしたが、尊敬はしていました。私たちはたとえ8対1の無勢でも、戦闘から離脱するのが最善の策であっても、決して逃げませんでした」

これはIRIAFのF-14が1988年の5月と6月に戦ったふたつの戦闘にもあてはまった。

5月中旬、A・アフシャー大尉はテヘラン付近でミラージュF1EQを1機撃墜し、自身の撃墜数を5機に伸ばした。そして7月9日にこの戦争で最後となるF-14による撃墜が記録された。以下はラッシー大尉による説明である。

「私たちはシュペル530Fの存在を認識していて、多くの情報を得ていました。ゾーギ少佐がスホーイ22の編隊を護衛していたミラージュをアバダーン上空で1機撃墜した7月9日も、その射程内に入らないようにするのに問題はありませんでした。しかしもっと射程が長く、速度がマッハ5を超え、下方攻撃能力の優れたシュペル530Dは厄介な代物でした」

「1988年7月19日に4機のミラージュF1EQ-6がF-14の2機編隊に接近してきました。彼らはAIM-54を封じるためにジャミングをかけながら、いろんな方向から迫って来ると、シュペル530ミサイルで攻撃してきました。トムキャットは両機とも撃墜されてしまい、ミラージュは約20分後に戻ってくると、脱出した搭乗員の位置確認に派遣されていたF-4Eを1機撃墜しました。その後私たちは司令部でミラージュの使ったミサイルは、こちらのAWG-9レーダーの発信する電波をたどって誘導されるものだと教えられました。フランスがシュペル530Dの試作バッチをイラクに提供していたのを知ったのは、そのすぐ後でした」

長く流血のつづいた戦争でイランのF-14に膨大な損失を被っていたイラク空軍は嬉々として戦闘を停止した。だが疲れ果てていたIRIAFのF-14パイロットたちには、そのような気分で終戦を迎えることなど無理な話だった。

〔訳註：1980年9月22日に始まったイラン・イラク戦争は足かけ8年にわたる長期間の戦争となり、1988年8月20日に国連安全保障理事会の決議を両国が受け入れる形で停戦が発効され終息を見た。そして1990年8月2日にイラク軍がクェートへ侵攻し、湾岸戦争へと発展していくこととなる。〕

1990年代末、ハールク島上空を低空飛行するトムキャット3-6020。長かったイラン・イラク戦争中、トムキャット部隊が活動を絶やさなかったおかげでIRIAF内の士気は高まり、別機種の使用部隊とのあいだにも競争心が生まれた。またイラン軍のF-4およびF-5部隊のパイロットたちは自分たちだけで戦争を戦い抜いたような顔をしているとF-14部隊の同輩に批判されているが、トムキャット部隊のイランへの貢献は誰もが認めていた。(authors' collection)

第6章

真実を覆う霧

THE FOG OF DISINFORMATION

1980年9月7日から1988年7月7日までの期間に、IRIAFのF-14が空戦で達成した正確な撃墜数は現在も不明である。これは戦中も戦後も空軍の記録が政治的、宗教的、あるいは個人的な理由により、変更を繰り返しているためである。それによる混乱は大変なものである。

戦後、参戦したあらゆる軍種の軍と準軍事組織の司令官が出席する会議がテヘランで開かれ、IRIAFは合計71発のAIM-54Aを発射し、それ以外にF-14が搭載していた10数発が事故、誘導の失敗、被撃墜のいずれかにより失われたと結論した。この数字が正しい可能性もあるが、同会議はF-14部隊が戦争中に記録した撃墜数はちょうど30機とも結論している。この数字のうち、16機はAIM-54Aによる確実撃墜であり、4機は同不確実撃墜、撃墜1機がスパローによるもの、不確実撃墜2機と確実撃墜7機がサイドワインダーによるものとされている。

提出された証拠は両軍のパイロットによる報告書、ガンカメラやTISEOのフィルム、残骸の写真、そして国内外の情報部の報告書などだった。会議はIRIAF戦闘機が空戦で記録した撃墜のほぼ70%、特にF-14によるものが、イスラーム革命防衛隊の防空隊による戦果であるか、またはどちらの戦果でもないと結論している。またこの結論は、すでに存在していたIRIAFのF-14Aによる確実撃墜130機と不確実撃墜23機を示す確かな証拠を否定するものでもあった。このうち少なくとも40機がAIM-54、2機ないし

1995年以降にIRIAFのF-14Aに適用された新型ポリウレタン系塗料について、西側では一部の情報筋がイラン軍トムキャットは「レーダー電波吸収」塗料で迷彩されていると主張した。写真からわかるように、この塗料に特殊性は何もない。またこの3-6024の左垂直尾翼にある基地番号とイラン国旗は1979年以来、IRIAFの全所属機に塗装されている。なおスタビレーターの下に機体のBuナンバーが記入されているのに注意。(authors' collection)

塗装を塗り直されたばかりの3-6024の機首右側面に見える空中給油用プローブ（ドアは撤去）。胴体ステンシル文字はすべて英語で、米海軍の規格位置と同じである。手前のATM-54Aフェニックス訓練弾は1976年にイランに引き渡された10発のうち1発。（authors' collection）

3機が機関砲、15機前後がAIM-7によるもので、残りがAIM-9によるものだった。ある事例では4機のイラク軍戦闘機が1発のフェニックスで撃墜され、同ミサイルにより一度に2機のイラク機が撃墜されたケースも2例あった。

さらに重要なのは、トムキャットが攻撃してくるイラク軍戦闘爆撃機に対して究極の阻止力となっていたことである。F-14は数多くのイラク軍機を撃墜しただけでなく、目標到達前に攻撃中止へ追い込んだ例はそれ以上に多かった。またF-14が活動していた場所にイラク軍戦闘機が寄り付かなかったことは事実である。アリー少佐が語るように、これほど有効な防空システムはほかに存在しなかった。

「西側ではF-14とAIM-54は非常に高価な『失敗作』だったというのが定説です。確かにこのシステムによりイラク軍が被った合計撃墜数を考慮しても、膨大な労力を必要とするトムキャットとAIM-54を稼働状態に維持することの価値と、それにかかった全費用はどうなのかという疑問はあるかもしれません。しかし本機の運用記録を振り返れば、その純粋迎撃機としての傑出した活躍はそれ以上のものに思えます。私たちはこの機を護衛戦闘機としても給油機としても使い、また『ミニAWACS』として多くのレーダー偵察任務に出撃させ、空中と地上のほかの部隊を守りました。また本機は戦争中かなりの期間、たとえ一発も撃たなくてもイラク空軍を脅かしていたのです。それに加えて130機以上を撃墜しているのです。結論として、IRIAFではF-14とAIM-54のシステムは決して『失敗作』ではありませんでした」

ただし、こうした記録にもかかわらず、IRIAFのパイロットはトムキャットのエンジン性能についてはまったく満足していなかったとラッシー大尉は回想している。

「トムキャットは優れた格闘戦闘機で、イラク軍のミグやミラージュにとって恐るべき強敵でした。しかしF-14にも問題はありました。飛行可能な機体は減る一方でしたし、最後まで解決できなかったエンジン問題のせいで私たちは真のハンターキラーになれず、立ち塞がる敵のすべてを倒すことはできませんでした。トムキャットのエンジンは全然信用できませんでした。たとえばドッグファイト中にスロットル操作を少しでもミスすれば、エンジンコンプレッサーがストールする可能性がありました。その結果はたいてい墜落です。終戦までに失われたF-14は、イラク軍よりもTF30を原因とするものがずっと多かったのです。トムキャットは飛行可能な機よりも、地下シェルターでエンジン修理を待っていた機のほうが多かったですし。イランのパイロットはF-14を飛ばす時、いつもエンジン状態に気を配っていました」

ヌズラーン少佐はトムキャットの兵装システムとAWG-9レーダーの性能について次のようにまとめてくれた。

「戦争の全期間、AWG-9レーダーがジャミングされたという話は聞いたことがありません。接近戦の機動でレーダーロックオンが外されたり、ミグ25が高速でF-14を振り切った例はごくわずかで、（フランス製装備を使用していた）イラク軍やソ連軍はこちらのレーダーを一度もジャミングできませんでした。彼らはそのために各種のシステムを使って大変な努力をしましたが」

同じく3-6024の機首左側面。コクピット周辺ディテールがわかる。(authors' collection)

「彼らは欺瞞妨害、広帯域雑音妨害、狭帯域連続波妨害、過負荷妨害などのジャミングを試しましたが、どれも成功しませんでした。こちらのレーダーは基本レーダー周波数が高く、周波数の切り替え性能が優れていました。ですからレーダーを妨害信号から引き離し、AWG-9の正確な走査パターンに合致しない信号を排除させるのは簡単でした。彼らがこれらの手段を総動員してこちらを圧倒しようとしたことも何度かありました。11機の敵機がジャミングしながら私の機に同時接近してきたことが一度ありましたが、こちらのAWG-9はその倍の目標を同時追尾できたので、大した問題はありませんでした。RIOと私はジャミングの問題を数秒で解決しました」

AWG-9の故障原因は機上ミサイル管制コンピューター(AMCC)の作動不良がほとんどだったとラッシー大尉は指摘した。

「AMCCが壊れても、飛行機が使用不能になるわけではありませんでした。それでもサイドワインダーとバルカン砲を武器に出撃して戦えましたから。イランのパイロットはそんな状態のトムキャットで出撃し、多くの撃墜を達成しています。INSシステムとジャイロ以外で、F-14を飛行不能にしていたコンポーネントの大半はAWG-9と無関係でした。イランがブラックマーケットで何よりも高い出費を強いられたのがフライトデータ(飛行記録)ないしエアーデータコンピューターでした。これはどのジェット機でも『ブラックボックス』の心臓部で、これがないとF-14は戦闘はおろか、飛ぶことさえできませんでした」

厳しい周辺事情により、F-14が達成した正確な撃墜数と、トムキャット部隊が被った厳密な損害数は推測の域を出えない。もしイラクが戦時中に公表した既知の戦時公報をすべて信用するならば、1982年11月から1988年7月19日までの期間に撃墜されたイラン軍トムキャットは70機を超えることになる！

西側情報筋の多くは空戦で失われた機数は3機としているが、同時にイラク軍とイラン軍間の航空戦は「激しい」ものでも「興味深い」ものでもなかったと主張している。

外国メディアに関する報告を米国政府の各種部局に提供しているワシントンDCの外国放送情報システムが発表した情報報告によれば、西側、ロシア、ウクライナの情報筋はIRIAFが失ったF-14は12機から16機と主張している。しかし確実な裏づけが存在する撃墜は、イラク軍戦闘機との空戦によるものが3機に、(イラン軍の)地対空ミサイルによるものが4機だけである。さらに2機が経緯不明の戦闘で失われ、7機もの機体が事故で失われた可能性があるとされ、その原因は主にエンジンないし操縦系統の故障だが、原因不明のものもある。それ以外に少なくとも8機が大破したが、これらの機体は戦後に部隊復帰している。

IACIの検査台でフルアフターバーナー試験中のTF30。フルアフターバーナー推力は公式には9,480kgだが、二段スプール低バイパス比ターボファンのTF30は実際には特定条件下で少なくとも9,980kgを発揮する。現代の軍用エンジン技術の嚆矢であるTF30はアフターバーナーを装備した最初のターボファンでもあり（増加推力は5段階の、通称「ゾーン」に分けられている）、海面高度での超音速性能を航空機にもたらした最初のエンジンだった。イラン軍のF-14AにはTF30-P-414Aが装備された。イラン軍のF-14Aはロシア製の航空電子機器とエンジンに換装されたという噂は、現在は事実無根だったことが判明している。イラン軍のF-14Aは当初からの仕様を堅持していたが、電子機器については大部分が現代の水準に改修されている。TF30は今もイラン軍トムキャットで使用されており、換装されるという有力な説はない。（authors' collection）

3-6024の右側面で、当時新式だった迷彩塗装のディテールがわかる。主翼下方の兵装パイロンの上部がライトブルーに塗られ、機首先端が「レードームタン」のままなのに注意。（authors' collection）

付録
APPENDICES

イラン軍F-14Aトムキャットによる撃墜一覧
IRANIAN F-14A TOMCAT VICTORIES

このリストには159件の確実撃墜が記載されているが、その根拠となった資料はイランのF-14、F-4、F-5の現役または退役パイロット、およびイラクのミグ21、スホーイ20／22、ミラージュF1EQパイロットによる証言、イラン軍公式記録、「スピアーティップ」などの米海軍資料、さらにプレスリリースや「戦時公報」などの三次資料である。本リストには34件の未確認撃墜／撃破も含まれているが、その根拠となった資料も同様で、イラク軍戦闘機の撃破申告は2件ある。数字にはイラク軍対艦ミサイルに対する発射も既知の事例が3件含まれており、これらは公式にはどれも命中しなかったとされるが、非公認ながら少なくとも1988年2月25日にC601の撃墜が申告されている。太字の記載は未確認情報に基づくものである。

年月日	所属部隊	操縦者名	使用兵装	被撃墜機／所属
80年9月7日	TFB8／第81TFS	非公表	20mm	ミル25／イラク陸軍航空隊第4混成航空団第1戦闘輸送ヘリコプター飛行隊
80年9月10日	TFB8	?	AIM-9P	ミグ21R／イラク空軍
80年9月10日	**TFB8**	**?**	**AIM-7E-4**	**ミグ21／イラク空軍**
80年9月13日	TFB8／第81TFS	M・アタイー	AIM-54A	ミグ23MS／イラク空軍
80年9月23日	TFB8／第81TFS	A・アズィーミー	AIM-54A	ミグ21RF／イラク空軍第1戦闘偵察飛行隊
80年9月23日	**TFB8／第81TFS**	**A・アズィーミー**	**AIM-54A**	**ミグ23MS／イラク空軍**
80年9月23日	TFB8／第81TFS	?	AIM-7E-4	ミグ23MS／イラク空軍
80年9月23日	TFB8／第81TFS	?	AIM-7E-4	ミグ23MS／イラク空軍
80年9月23日	TFB8／第81TFS	?	AIM-9J	ミグ21／イラク空軍
80年9月24日	TFB8／第81TFS	N・K	AIM-7E-4	ミグ21MF／イラク空軍
80年9月24日	TFB8／第81TFS	N・K	AIM-9P	ミグ21MF／イラク空軍
80年9月24日	TFB8／第81TFS	?	AIM-54A	ミグ21MF／イラク空軍
80年9月25日	TFB8	?	AIM-54A	ミグ21／イラク空軍
80年9月25日	TFB8	?	AIM-9P	ミグ21／イラク空軍
80年9月25日	TFB8	?	AIM-9P	ミグ21／イラク空軍
80年9月25日	TFB7／第72TFS	S・ナグディー	AIM-54A	ミグ23BN／イラク空軍
80年9月25日	TFB8	?	AAM	ミグ23BN／イラク空軍
80年10月2日	TFB8	?	AIM-9P	スホーイ20／イラク空軍
80年10月3日	TFB8	?	AAM	ミグ23／イラク空軍
80年10月5日	TFB8	?	?	スホーイ20／イラク空軍
80年10月5日	TFB8	?	?	スホーイ20／イラク空軍
80年10月5日	TFB8	?	?	ミグ23／イラク空軍
80年10月10日	TFB8	?	?	ミグ23BN／イラク空軍
80年10月10日	TFB8	?	?	ミグ23BN／イラク空軍
80年10月10日	TFB8	?	?	ミグ23BN／イラク空軍
80年10月12日	**TFB8**	**?**	**AIM-9P**	**スホーイ20／イラク空軍**
80年10月13日	TFB8	A・アフシャー	AAM	ミグ23BN／イラク空軍
80年10月15日	TFB8	?	AIM-7E-4	スホーイ20／イラク空軍
80年10月18日	TFB8／第81TFS	G・マレジュ	AIM-9P	ミグ23／イラク空軍
80年10月18日	TFB8／第81TFS	G・マレジュ	AIM-9P	ミグ23／イラク空軍
80年10月20日	TFB8／第81TFS	H・アレアガ	AIM-7E-4	ミグ21MF／イラク空軍
80年10月22日	TFB8／第81TFS	K・セジー	AIM-9P	ミグ23ML／イラク空軍
80年10月22日	TFB8／第81TFS	?	AIM-9	ミグ23BN／イラク空軍
80年10月25日	TFB8／第81TFS	?	AIM-9P	スホーイ20／イラク空軍
80年10月25日	**TFB8／第81TFS**	**?**	**AIM-7E-4**	**スホーイ20(撃破)／イラク空軍**
80年10月26日	TFB8／第81TFS	A・ハズィーン	AIM-9P	ミグ21MF／イラク空軍
80年10月26日	TFB8／第81TFS	K・アクバリー	AIM-9P	ミグ21MF／イラク空軍
80年10月29日	TFB8／第81TFS	K・セジー	AIM-54A	ミグ23ML／イラク空軍
80年10月29日	TFB8／第81TFS	K・セジー	AIM-54A	ミグ23ML／イラク空軍
80年10月29日	TFB8／第81TFS	K・セジー	AIM-9P	ミグ23ML／イラク空軍
80年10月29日	TFB8／第81TFS	K・セジー	AIM-9P	ミグ23ML／イラク空軍
80年11月10日	TFB8／第81TFS	?	AIM-7E-4	ミグ23／イラク空軍

年月日	所属部隊	操縦者名	使用兵装	被撃墜機／所属
80年11月21日	TFB8	A・アフシャー	AIM-7E-4	ミグ21／イラク空軍
80年11月27日	TFB8	A・アフシャー	AIM-54A	ミグ21／イラク空軍
80年11月?日	**TFB8**	**?**	**AIM-54A***	**戦闘機／イラク空軍**
80年11月?日	**TFB8**	**?**	**AIM-54A***	**戦闘機／イラク空軍**
80年12月2日	TFB8／第82TFS	F・デフガーン	AIM-54A	ミグ21MF／イラク空軍
80年12月10日	TFB8	?	?	スホーイ20／イラク空軍
80年12月22日	TFB8	?	AIM-54A	ミグ21ないしスホーイ20／イラク空軍
80年12月22日	TFB8	?	AIM-54A	ミグ21ないしスホーイ20／イラク空軍
80年12月30日	TFB8	?	?	ミグ21／イラク空軍
81年1月7日	TFB8	?	AIM-54A	ミグ23／イラク空軍
81年1月7日	TFB8	?	AIM-54A*	ミグ23／イラク空軍
81年1月7日	TFB8	?	AIM-54A*	ミグ23／イラク空軍
81年1月7日	**TFB8**	**?**	**AIM-54A***	**ミグ23／イラク空軍**
81年1月29日	TFB6	?	AIM-54	スホーイ20／イラク空軍
81年4月4日	TFB6	?	AIM-9P	ミグ23BN／イラク空軍
81年4月4日	TFB6	?	AIM-9P	ミグ23BN／イラク空軍
81年4月21日	TFB6	?	AIM-9P	ミグ23BN／イラク空軍
81年5月15日	TFB7／第82TFS	J・ザンディー	AIM-9P	ミグ21MF／イラク空軍
81年10月22日	TFB7／第82TFS	H・ロスタミー	AIM-54A	ミラージュF1EQ／イラク空軍第92戦闘飛行隊
81年10月22日	TFB7／第82TFS	H・ロスタミー	AIM-54A	ミラージュF1EQ／イラク空軍第92戦闘飛行隊
81年10月22日	TFB7／第82TFS	H・ロスタミー	AIM-54A	ミラージュF1EQ／イラク空軍第92戦闘飛行隊
81年10月22日	**TFB7／第82TFS**	**ハダヴァンド**	**AIM-54A**	**ミラージュF1EQ／イラク空軍第92戦闘飛行隊**
81年10月22日	TFB7／第82TFS	H・ロスタミー	AIM-7E	ミグ21MF／イラク空軍第92戦闘飛行隊
81年12月3日	**TFB8**	**非公表**	**?**	**ミラージュF1EQ／イラク空軍第92戦闘飛行隊**
81年12月3日	**TFB8**	**非公表**	**?**	**ミラージュF1EQ／イラク空軍第92戦闘飛行隊**
81年12月11日	TFB8／第82TFS	H・アレアガ	AIM-54A	ミラージュF1EQ／イラク空軍第92戦闘飛行隊
81年12月11日	**TFB8／第82TFS**	**H・アレアガ**	**AIM-54A**	**ミラージュF1EQ／イラク空軍第92戦闘飛行隊**
81年12月11日	TFB8	R・アザード	AIM-54A	ミグ21MF／イラク空軍
81年12月11日	**TFB8**	**R・アザード**	**AIM-54A**	**ミグ21MF／イラク空軍**
82年1月?日	TFB8／第82TFS	J・ザンディー	AAM	ミグ21MF／イラク空軍
82年3月?日	TFB1／第72TFS	?	AIM-9P	スホーイ22／イラク空軍
82年4月4日	**TFB8**	**?**	**AIM-9P**	**ミグ23／イラク空軍**
82年4月4日	**TFB8**	**?**	**AIM-9P**	**ミグ23／イラク空軍**
82年7月21日	TFB8／第82TFS	トゥーファニアン	AIM-54A*	ミグ23MS／イラク空軍
82年7月21日	TFB8／第82TFS	トゥーファニアン	AIM-54A*	ミグ23MS／イラク空軍
82年7月21日	TFB8／第81TFS	モウサヴィー	AIM-54A	スホーイ22／イラク空軍
82年9月16日	TFB8	S・ロスタミー	AIM-54A	ミグ25RB／イラク空軍第1戦闘偵察飛行隊
82年10月10日	TFB8	J・ザンディー	AIM-54A	ミグ23／イラク空軍
82年10月10日	TFB8	J・ザンディー	AIM-54A	ミグ23／イラク空軍
82年11月7日	TFB8	?	AIM-7E-4	スホーイ22M-3K／イラク空軍
82年11月21日	TFB8	M・ホースロダード	AIM-54A	ミグ23MS／イラク空軍
82年11月21日	TFB8	M・ホースロダード	AIM-54A	ミグ23MS／イラク空軍
82年11月21日	TFB8	M・ホースロダード	AIM-7E-4	ミグ21／イラク空軍
82年11月27日	TFB8	?	AAM	SA321シュペルフルロン／イラク空軍
82年12月1日	TFB8	S・ロスタミー	AIM-54A	ミグ25RB／イラク空軍第17戦闘飛行隊
82年12月4日	TFB8／第81TFS	トゥーファニアン	AIM-54A	ミグ25PD／イラク空軍第1戦闘偵察飛行隊
83年1月16日	TFB8	?	AIM-54A	ミグ23BN／イラク空軍
83年1月16日	**TFB8**	**?**	**AIM-54A**	**ミグ23BN／イラク空軍**
83年1月16日	TFB8	?	AIM-54A	戦闘機／イラク空軍
83年1月16日	TFB8	?	AIM-54A	戦闘機／イラク空軍
83年1月21日	**?**	**?**	**AAM**	**戦闘機／イラク空軍**
83年1月21日	**?**	**?**	**AAM**	**戦闘機／イラク空軍**
83年1月27日	TFB7／第73TFS	?	AAM	スホーイ20／イラク空軍
83年1月29日	TFB7／第73TFS	?	AAM	ミグ23MS／イラク空軍
83年2月14日	**TFB8**	**?**	**AAM**	**戦闘機／イラク空軍**
83年2月26日	**TFB1／第72TFS**	**?**	**AAM**	**ミラージュF1EQ／イラク空軍**
83年6月?日	TFB8／第82TFS	アフハミー	AAM	ミグ23／イラク空軍
83年7月28日	TFB8／第81TFS	?	AAM	ミラージュF1EQ／イラク空軍

年月日	所属部隊	操縦者名	使用兵装	被撃墜機／所属
83年7月28日	TFB8／第81TFS	?	AAM	ミラージュ F1EQ／イラク空軍
83年8月6日	TFB8／第81TFS	?	AIM-54A	ミグ25PD（協同撃墜）／イラク空軍
83年8月31日	TFB7／第73TFS	?	AAM	スホーイ22M-3K／イラク空軍
83年8月31日	TFB7／第73TFS	非公表	AAM	スホーイ22M-3K／イラク空軍
83年9月？日	**TFB8／第82TFS**	**J・ザンディー**	**AAM**	**スホーイ22／イラク空軍**
83年9月？日	**TFB8／第82TFS**	**J・ザンディー**	**AAM**	**スホーイ22／イラク空軍**
83年10月？日	**TFB8／第82TFS**	**アフハミー**	**AAM**	**ミグ23／イラク空軍**
84年2月25日	**TFB8**	**C・E**	**AIM-54A**	**ミグ21／イラク空軍**
84年2月25日	**TFB8**	**C・E**	**AIM-54A**	**スホーイ20/22／イラク空軍**
84年2月25日	**TFB8**	**C・Eの僚機**	**AIM-54A**	**スホーイ20/22／イラク空軍**
84年2月25日	**TFB8**	**C・E**	**AIM-54A**	**ミグ21／イラク空軍**
84年3月1日	**TFB8／第81TFS**	**非公表**	**AIM-54A**	**スホーイ22M／イラク空軍**
84年3月25日	TFB7／第73TFS	非公表	AIM-54A	ツポレフ22B／イラク空軍第8爆撃飛行隊
84年4月6日	TFB8／第81TFS	?	AIM-54A	ツポレフ22B／イラク空軍第8爆撃飛行隊
84年4月6日	TFB8／第81TFS	?	AIM-54A	ツポレフ22B／イラク空軍第8爆撃飛行隊
84年6月？日	TFB8／第82TFS	アフハミー	AAM	スホーイ22／イラク空軍
84年7月26日	**TFB8／第81TFS**	**非公表**	**AIM-54A**	**シュペルエタンダール／イラク空軍**
84年8月7日	**TFB8／第81TFS**	**非公表**	**AIM-54A**	**シュペルエタンダール／イラク空軍**
85年1月11日	**?**	**?**	**AAM**	**AM39エグゾセ／イラク空軍**
85年3月？日	**TFB8／第81TFS**	**非公表**	**AIM-54A**	**ミグ27／ソ連空軍**
85年3月？日	TFB8／第81TFS	非公表	AIM-54A	ミグ27／ソ連空軍
85年3月？日	TFB8／第81TFS	非公表	AIM-54A	ミグ27／ソ連空軍
85年3月26日	TFB8／第82TFS	?	AAM	ミラージュ F1EQ／イラク空軍
85年3月26日	TFB8／第82TFS	?	AAM	ミラージュ F1EQ／イラク空軍
85年3月26日	TFB8／第82TFS	?	AAM	ミラージュ F1EQ／イラク空軍
85年6月3日	**TFB1／第72TFS**	**?**	**AIM-54A**	**ミグ25RB（撃破）／イラク空軍**
85年8月20日	**TFB8**	**?**	**AIM-54A**	**ミグ23RB／イラク空軍**
86年2月14日	**TFB8**	**?**	**AAM**	**SA321GVシュペルフルロン／イラク空軍**
86年2月15日	TFB8	?	AIM-54A	ミグ25RB／イラク空軍
86年2月16日	TFB8	?	AIM-54A	ツポレフ22B／イラク空軍
86年2月18日	TFB7／第72TFS	?	AIM-54A	ミラージュ F1EQ／イラク空軍
86年3月14日	TFB8／第82TFS	トゥーファニアン	AIM-9P	ミラージュ 5／エジプト空軍第71戦闘飛行隊
86年4月？日	TFB8／第82TFS	J・ザンディー	AAM	ミグ23／イラク空軍
86年4月？日	TFB8／第82TFS	J・ザンディー	AIM-54A	ミグ23PD／イラク空軍
86年7月12日	TFB6	レザー	AIM-7E-4	ミグ23ML／イラク空軍
86年8月？日	TFB8	?	AAM	スホーイ22／イラク空軍
86年8月？日	TFB8	?	AAM	スホーイ22／イラク空軍
86年8月？日	TFB8	?	AAM	スホーイ22／イラク空軍
86年8月？日	TFB8	?	AAM	ミグ23／イラク空軍
86年8月？日	TFB8	?	AAM	ミグ23／イラク空軍
86年10月6日	TFB6	?	AIM-54A	ミラージュ F1EQ／イラク空軍
86年10月6日	TFB6	?	機動	ミラージュ F1EQ／イラク空軍
86年10月7日	TFB6	A・アフシャー	AAM	ミラージュ F1EQ／イラク空軍
86年10月7日	TFB6	A・アフシャーの僚機	AAM	ミラージュ F1EQ／イラク空軍
86年10月14日	TFB8／第81TFS	?	AIM-54A	ミグ23／イラク空軍
86年？月？日	TFB7／第73TFS	?	AIM-54A	ミグ25BM／ソ連空軍
87年1月23日	TFB8／第81TFS	モスレミー	AIM-7E-4	ミグ23ML／イラク空軍
87年1月23日	TFB8／第81TFS	M・ゾーギ	AIM-9P	ミグ23ML／イラク空軍
87年1月23日	**TFB8／第81TFS**	**M・ゾーギ**	**AIM-7E-4**	**ミグ23ML／イラク空軍**
87年2月18日	TFB7／第73TFS	H・アガ	AIM-7E-4	ミラージュ F1EQ／イラク空軍
87年2月18日	TFB7／第73TFS	H・アガ	AIM-9P	ミラージュ F1EQ／イラク空軍
87年2月18日	TFB7／第73TFS	H・アガ	AIM-54A	ミラージュ F1EQ／イラク空軍
87年2月20日	TFB6／第81TFS	アミラスラーニ	AIM-54A	ミラージュ F1EQ／イラク空軍
87年2月20日	**TFB6**	**?**	**AAM**	**ミラージュ F1EQ／イラク空軍**
87年2月20日	**TFB6**	**?**	**AAM**	**ミラージュ F1EQ／イラク空軍**
87年2月24日	?	?	AAM	ミグ23ML／イラク空軍
87年2月24日	?	?	AAM	ミラージュ F1EQ-2／イラク空軍
87年2月？日	TFB1／第72TFS	A・アフシャー	AIM-54	スホーイ22／イラク空軍

年月日	所属部隊	操縦者名	使用兵装	被撃墜機／所属
87年3月？日	**TFB8**	**?**	**AIM-7E-4**	**AM39エグゾセ／イラク空軍**
87年5月？日	TFB8	A・ラフナヴァード	AIM-7E-4	スホーイ22／イラク空軍
87年6月24日	**TFB6**	**?**	**AIM-54A**	**SA321Hシュペルフルロン／イラク空軍**
87年8月22日	TFB8／第82TFS	アフハミー	AAM	ミグ23／イラク空軍
87年8月29日	TFB8／第82TFS	J・ザンディー	AAM	ミラージュ F1EQ-5／イラク空軍
87年8月31日	TFB8／第82TFS	?	AAM	ミラージュ F1EQ-5／イラク空軍
87年8月31日	**TFB8／第82TFS**	**?**	**AAM**	**ミラージュ F1EQ-5／イラク空軍**
87年9月1日	**TFB8**	**?**	**AAM**	**戦闘機／イラク空軍**
87年9月1日	**TFB8**	**?**	**AAM**	**戦闘機／イラク空軍**
87年9月18日	**TFB8**	**?**	**AIM-54A**	**ミラージュ F1EQ／イラク空軍**
87年10月16日	**TFB7**	**?**	**AAM**	**ミラージュ F1EQ／イラク空軍**
87年10月17日	TFB8	非公表	AIM-9	ミグ23BK／イラク空軍
87年10月17日	TFB8	非公表	AIM-9	ミグ23BK／イラク空軍
87年10月17日	TFB8	非公表	AIM-9	ミグ23BK／イラク空軍
87年11月4日	TFB8	非公表	AIM-9	スホーイ22M-4K／イラク空軍
87年11月11日	TFB1／第72TFS	?	AIM-54A	ミグ25BM／ソ連空軍
87年11月15日	TFB8／第81TFS	アフハミー	AIM-7	ミラージュ F1EQ-5／イラク空軍
87年11月15日	**TFB8／第81TFS**	**アフハミー**	**AIM-7**	**ミラージュ F1EQ-5／イラク空軍**
88年2月？日	TFB6／第82TFS	J・ザンディー	AIM-9P	ミラージュ F1EQ／イラク空軍
88年2月？日	**TFB6／第82TFS**	**J・ザンディー**	**AIM-9P**	**ミラージュ F1EQ／イラク空軍**
88年2月9日	TFB6／第82TFS	ギヤーシ	AIM-7E-4	ミラージュ F1EQ-5／イラク空軍
88年2月9日	TFB6／第82TFS	ギヤーシ	AIM-9P	ミラージュ F1EQ-5／イラク空軍
88年2月9日	TFB6／第82TFS	ギヤーシ	AIM-9P	ミラージュ F1EQ／イラク空軍
88年2月15日	TFB8／第81TFS	トゥーファニアン	AIM-54A	ミラージュ F1EQ／イラク空軍
88年2月16日	TFB8	A・ラフナヴァード	AIM-9P	ミラージュ F1EQ／イラク空軍
88年2月16日	TFB8	A・ラフナヴァード	AIM-9P	ミラージュ F1EQ／イラク空軍
88年2月25日	TFB8	G・エスマエリ	AIM-54A	B-6D／イラク空軍
88年2月25日	TFB8	G・エスマエリ	AIM-54A	C601対艦ミサイル／イラク空軍
88年3月1日	TFB8／第82TFS	?	AAM	スホーイ20／イラク空軍
88年3月3日	**TFB8**	**?**	**AAM**	**スホーイ20／イラク空軍**
88年3月18日	TFB6／第81TFS	?	AAM	ミラージュ F1EQ／イラク空軍
88年3月19日	TFB6／第81TFS	?	AIM-54A	ミグ23ML／イラク空軍
88年3月19日	TFB8／第81TFS	?	AIM-54A	ツポレフ22B／イラク空軍第7爆撃飛行隊
88年3月19日	TFB8／第81TFS	?	AIM-54A	ミグ25RB／イラク空軍第1戦闘偵察飛行隊
88年3月20日	TFB8／第72TFS	?	AIM-54A	ミグ25RB／イラク空軍第1戦闘偵察飛行隊
88年3月22日	TFB8／第72TFS	?	AIM-54A	ミグ25RB／イラク空軍第1戦闘偵察飛行隊
88年3月24日	TFB1／第72TFS	?	AAM	ミラージュ F1EQ／イラク空軍
88年5月15日	TFB1／第72TFS	A・アフシャー	AIM-9P	ミラージュ F1EQ／イラク空軍
88年7月9日	TFB8／第81TFS	M・ゾーギ	AIM-9P	ミラージュ F1EQ／イラク空軍

注

使用兵装欄のAIM-54Aの後の（*）印は1発のミサイルで複数の撃墜を達成したもの。1発のAIM-54で2機以上のイラク軍戦闘機を撃墜したケースは3件知られており、3機のミグ23BNが撃墜され4機目が損傷したものが1件、2機のミグ23が撃墜されたものが2件である。本リストではうち2件のみを掲載したが、これは第三のケースが1980年の10月または11月に発生したということ以外、まったく情報がないためである。

オスプレイエアコンバットシリーズ スペシャルエディション 2

イラン空軍のF-14トムキャット飛行隊

IRANIAN F-14 TOMCAT UNITS IN COMBAT

著者
トム・クーパー&ファルザード・ビショップ

訳者
平田光夫

編集
スケールアヴィエーション編集部
【石塚 真・半谷 匠・佐藤南美】

装丁デザイン
海老原剛志

DTP
小野寺 徹

発行日
2016年5月26日 初版第1刷

発行人
小川光二

発行所
株式会社 大日本絵画
〒101-0054 東京都千代田区神田錦町1丁目7番地
Tel. 03-3294-7861（代表）
URL. http://www.kaiga.co.jp

企画・編集
株式会社 アートボックス
〒101-0054 東京都千代田区神田錦町1丁目7番地
錦町一丁目ビル4F
Tel. 03-6820-7000（代表） Fax. 03-5281-8467
URL. http://www.modelkasten.com/

印刷・製本
大日本印刷株式会社

◎内容に関するお問い合わせ先：03(6820)7000 ㈱アートボックス
◎販売に関するお問い合わせ先：03(3294)7861 ㈱大日本絵画

Publisher: Dainippon Kaiga Co., Ltd.
Kanda Nishiki-cho 1-7, Chiyoda-ku, Tokyo 101-0054 Japan
Phone 81-3-3294-7861
Dainippon Kaiga URL. http://www.kaiga.co.jp.

Iranian F-14 Tomcat Units in Combat

Tom Cooper, Farzad Bishop

Editor: ARTBOX Co.,Ltd.
Nishikicho 1-chome bldg., 4th Floor, Kanda Nishiki-cho 1-7, Chiyoda-ku, Tokyo 101-0054 Japan
Phone 81-3-6820-7000
ARTBOX URL: http://www.modelkasten.com/

ISBN978-4-499-23185-5